岩波講座
物理の世界

素粒子の超弦理論

素粒子と時空 5

素粒子の超弦理論

江口 徹　今村洋介

岩波書店

編集委員

佐藤文隆

甘利俊一

小林俊一

砂田利一

福山秀敏

本文図版

飯箸　薫

まえがき

超弦理論は1980年代半ばに第一革命と呼ばれる時期を経験したが，90年代半ばからはじまった第二革命期の発展はこれをはるかに上回る規模とインパクトを持ち，string duality, M理論，Dブレーン，ゲージ/重力対応など最も重要な新しい発見が相次いでなされ，弦理論そのものの様子が大きく変わりつつある．本書を読まれた読者の方はしばらく以前とは弦理論の様子が大きく変わっていることに気付かれると思う．

残念ながら本書では触れることができなかったが，この数年間に超弦理論を用いたブラックホールの量子論的な取り扱いには重要な進展があり，一般相対論を超えてミクロな世界の重力理論をめざす超弦理論の真価がようやく発揮されてきたように思われる．

本書の第1章は，江口が以前に日本数学会誌「数学」に書いた超弦理論の紹介記事を改訂したもので，Dブレーンなど超弦理論の第二革命に登場する基本事項の紹介にあてている．また，本書の第2章，第3章は，今村がさらに最近の発展，特に最も成果のあがっているゲージ/重力対応について少しくわしく各論的な解説を行った．また，巻末に簡単な用語解説を付録として付けた．

岩波書店編集部から「現代物理学の一分野として超弦理論について易しく紹介する冊子を出版したい」という提案があって始まったプロジェクトであるが，超弦理論は重力を含む素粒子の統一理論をめざす，現代物理学の中でも最も難解な分野であ

り，その物理や数学の基礎を説明するだけでも分厚い本格的な教科書が必要になる．これを易しく解説せよというのは大変難しい注文になるが，この小さな本では技術的に難しいところはなるべく避けて，1990年代半ば以降における超弦理論の第二革命の様子を伝えることを試みた．

　本書を読みこなすにはかなり広範な予備知識が必要とされる部分もあり，また十分に物理的な背景が説明しきれていないところもあると思うが，あまり細部にこだわらず全体の話の流れ，特に最近の弦理論の考え方の特徴などをつかんでいただければよいのではないかと思う．

　2005年3月

江口　徹　今村洋介

目 次

まえがき

1 超弦理論の発展 ····················· 1
  1.1 超弦理論の第二革命　1
  1.2 BPS 状態　6
  1.3 超重力理論　9
  1.4 IIB 型理論と $SL(2,\mathbb{Z})$ 不変性　15
  1.5 IIA 型理論と M 理論　19
  1.6 D ブレーン　23
  1.7 D ブレーンとゲージ対称性の生成　28
  1.8 ALE 空間　32

2 タキオン凝縮 ····················· 36
  2.1 ブレーン上のタキオン場　37
  2.2 ソリトン解　40

3 ゲージ/重力対応 ··················· 45
  3.1 Near horizon 極限　46
  3.2 ゲージ理論における粒子と古典解上の弦の対応　48
  3.3 4 次元超対称ゲージ理論　49
  3.4 D3 ブレーン古典解の構成　52
  3.5 クォーク・反クォークポテンシャル　59
  3.6 $\mathcal{N}=1$ ゲージ理論の例　62
  3.7 クレバノフ-ストラスラー解　65

付　録　77
参考文献　87
索　引　89

1
超弦理論の発展

■1.1 超弦理論の第二革命

ご存知のように超弦理論は重力を含めた素粒子の統一理論をめざす試みであるが，90年代半ばころからその理論的な基礎付けやブラックホールの物理への応用に著しい進展が起きている．

弦理論は 1960 年代末にハドロンのモデルとして開始されたが，1970 年代を通じて解釈の変更や技術的な整備が進み，1980 年代半ばになるとアノマリー相殺機構やヘテロティック弦理論(heterotic string)が発見され著しい進展が起こった．この時期は弦理論の第一革命と呼ばれる．第一革命を通じて弦理論の摂動的取り扱いが確立し，また 10 次元時空に存在する弦理論を現実の 4 次元世界の理論に適合させるためのコンパクト化の理論が発展した．

現在の発展は 90 年代半ばから起こったものであるが，超対称ゲージ理論で開発されたデュアリティ(双対性)の方法が応用されて，弦理論の強結合領域での振る舞いを記述する方法，**string duality** が開発されたことがそのきっかけとなった．1995 年以降からは string duality に引き続いて **M 理論**，**D ブレーン**，ゲー

ジ/重力対応など弦理論の行方を左右する重要な発見が相次いで起こり，現在弦理論の第二革命期にあるといわれている．第二革命を通じて弦理論は今その面目を一新しようとしている．

·········· string duality

双対性はもともと電磁気学で知られた電気・磁気の入れ替えに関する対称性を意味するが，統一ゲージ理論などの非可換ゲージ理論においては磁気を持った粒子(磁気単極子)が理論の中にソリトンとして現われる．このため，双対性は(電荷を持つ)素粒子と(磁荷を持つ)ソリトンの入れ替えに関する対称性を意味することになる．素粒子とソリトンの入れ替えに関する対称性は2次元の場の理論ではよく知られていた．たとえばサイン・ゴルドン(sine-Gordon)理論は基礎的なボソンの場 ϕ が非線型な自己相互作用をする模型であるが，この理論にはソリトンが現われる．2つのソリトンの位置を入れ替えると符号が変わるため，ソリトンはフェルミ粒子と考えることができる．ソリトンを記述するフェルミオンの場 ψ を導入するとサイン・ゴルドン理論は ψ 同士が相互作用をする模型，massive Thirring 模型に写像される．このとき，もとのボソンの場 ϕ はソリトン・反ソリトンの束縛状態と解釈される．素粒子とソリトンの入れ替えはこの場合ボソンとフェルミオンの入れ替えに帰着するが，この現象はボソン・フェルミオン(boson-fermion)対応と呼ばれ，共形場の理論でもよく知られている．

4次元のゲージ理論においても双対性が成立する可能性がモントーネン(C. Montonen)とオリーブ(D. Olive)によって1970年代後半に提案されていた．ゲージ理論の結合定数を g とすると理論に現われる素粒子の電荷は g の整数倍，またソリトンの

持つ磁荷はディラック(P. Dirac)の量子化条件のため $4\pi/g$ の整数倍となる．このため電荷・磁荷の入れ替えは g の反転 $g \to 1/g$ を意味し，素粒子を用いて書かれた理論をソリトンを用いて書き換えると弱結合領域が強結合領域と入れ替わる．これを strong-weak duality あるいは S デュアリティと呼ぶ．したがって，理論が S デュアリティに関する不変性を持てば強結合領域を弱結合領域に写像して調べることができ，強結合領域での量子論的場の理論の振る舞いを摂動論を用いて決定できることになる．

モントーネン-オリーブの提案は 20 年近くを経て，拡張された超対称性を持つゲージ理論において実現された．拡張された超対称性を持つ場の理論では特別な安定性を持つソリトンが存在し BPS (3 人の物理学者ボゴモルニー，プラサド，ソマーフィールド (Bogomolnyi, Prasad, Sommerfield) の名前から来る) 状態と呼ばれる．BPS 状態の質量はその電荷や磁荷に比例し量子補正を受けた後も厳密な質量公式で与えられる．1994 年にサイバーグ (N. Seiberg) とウィッテン (E. Witten) は $\mathcal{N}=2$ の超対称性を持つゲージ理論を調べ，この理論の持つ双対性を用いて理論の厳密な低エネルギー有効ラグランジアンを求めた．サイバーグ-ウィッテンの結果は強結合の量子論的場の理論に関する初めての厳密解である．また，ヴァッファ (C. Vafa) とウィッテンは $\mathcal{N}=4$ の超対称性を持つゲージ理論では素粒子とソリトンが全く同格に理論に現われ，このため S デュアリティが厳密に成り立つことを示した．

············M 理論

超弦理論は無限個の素粒子を含み通常の場の理論より一段レベルの高い理論であるが，質量がゼロの粒子に限ると超弦理論

に現われる粒子は超重力理論や超対称ゲージ理論に含まれる粒子と一致し，またその相互作用も等しい．このため超対称ゲージ理論で有効なSデュアリティの方法が弦理論でも重要な働きをすると考えられる．また，空間が円周上にコンパクト化している弦理論には独特のTデュアリティと呼ばれる双対性が存在することが知られている．セン(A. Sen)らの先駆的な研究に引き続きウィッテンは10次元で知られる5種類の弦理論が全てS, Tデュアリティによって互いに結び付けられること，さらに11次元にM理論と呼ばれるより基本的な理論が存在し，M理論の適当な極限を取ることによって10次元の弦理論が全て導かれることを指摘した(巻末の参考文献[8])．

　11次元の仮想的理論はその実態がまだ謎に包まれているためMysteryのMをとってM理論と呼ばれる(MotherのMという説もある)．よく知られたように超弦理論は10次元の時空に存在するが，11次元は種々の考察より2次元的な膜(membrane)が存在する次元と考えられている．このためM理論は膜の理論である可能性が高い．

………… Dブレーン

　一方ポルチンスキー(J. Polchinski)は開いた弦の理論(open string theory)における境界条件を調べ，ディリクレ(Dirichlet)型境界条件に従う開弦(open string)の端点が掃く超平面が特別の電荷(Ramond-Ramond charge)を帯びており，弦理論におけるソリトンのミクロな記述を与えることを示した([5])．これをDブレーンと呼ぶ．Dブレーンは共形場の理論を用いたソリトンの正確な取り扱いを可能にし，弦理論の非摂動的な取り扱いで中心的な役割を演じる．

まずDブレーン上には超対称ゲージ理論が誘導されることが発見され，ゲージ理論やゲージ対称性の起源に関する全く新しい機構が見出された．Dpブレーンは10次元時空の中で$(p+1)$次元空間に広がった超平面であり，この超平面上のゲージ理論と10次元の弦理論(特にその低エネルギーの近似としての重力理論)の間には特別な双対関係が存在すると考えられる．

また臨界ブラックホールの基底状態の縮重度がDブレーンの集合を用いて量子力学的に記述できることが発見されブラックホールのエントロピー(ベッケンシュタイン(J. Bekenstein)とホーキング(S. Hawking)による予想)を正しく再現することが示されたことは，弦理論が一般相対論を越えてミクロな重力理論を与える可能性を強く示唆するものとして注目される．

………ゲージ/重力対応

10次元の空間が5次元反ド・ジッター空間(AdS_5)と5次元球面(S^5)の直積$AdS_5 \times S^5$になっている場合には，AdS_5空間の端にあるD3ブレーン上にスケール不変なゲージ理論が現われ，ゲージ理論の力学，特に相関関数などを$AdS_5 \times S^5$空間上の重力理論を用いて調べることができる．この関係はAdS/CFT対応と呼ばれ多くの研究者によってくわしく研究された．より一般に，ブレーン(あるいは10次元空間の境界)上のゲージ理論と10次元時空内の重力理論には特定の対応関係があり，一方の理論から他方の理論に現われる物理量を推測することができる．この現象をゲージ/重力対応と呼び，現在主要な研究テーマとなっている．

本書では95年以降の超弦理論の著しい展開をになったM理論，Dブレーン等の基礎的な解説を行う．同時に予備知識とし

て必要となる超重力理論や弦理論で特に重要な役割を果たす，ALE 空間，カラビ-ヤウ（Calabi-Yau）多様体などについても簡単な解説を行う．後半では特に最近目立って多くの成果を上げているゲージ/重力対応に関してくわしく議論する．紙数の関係でいくつかの専門用語については十分に説明できなかったところがある．細かいところは気にせずに，全体として弦理論の現状と雰囲気をつかんで頂ければ幸いである．超弦理論の標準的な教科書としては[3][6]などがある．

■1.2 BPS 状態

4 次元の $\mathcal{N}=1$ 超対称性代数は

$$\{Q_\alpha, Q_\beta\} = (\gamma_\mu \gamma_0)_{\alpha\beta} P^\mu, \quad \mu=0,1,2,3, \quad \alpha,\beta=1,\cdots,4 \tag{1.1}$$

で与えられる．Q はスーパーチャージ（超対称変換の生成子），P^0 はエネルギー，P^i ($i=1,2,3$) は運動量，γ_μ は 4 次元のガンマ行列である．γ_μ は 4 次元クリフォード代数の生成子で反交換関係 $\{\gamma_\mu, \gamma_\nu\} = g_{\mu\nu}$ を満たす（$g_{\mu\nu}$ はミンコフスキー計量）．2 つ以上のスーパーチャージを持つ拡張された超対称性代数では右辺に中心拡大項が現われる．

$\mathcal{N}=2$ 超対称性の場合には，超対称性代数は

$$\{Q^i_\alpha, Q^j_\beta\} = \delta_{ij}(\gamma_\mu\gamma_0)_{\alpha\beta}P^\mu + \epsilon_{ij}(\gamma_0)_{\alpha\beta}U + \epsilon_{ij}(\gamma_5\gamma_0)_{\alpha\beta}V$$
$$i,j=1,2 \tag{1.2}$$

の形を持つ．4 次元の $\mathcal{N}=2$ $SU(2)$ ゲージ理論では中心拡大項 U,V は

$$U = \int d^3 x \partial_i \left(A^a F_{0i}^a + \frac{1}{2} B^a \epsilon_{ijk} F_{jk}^a \right) \quad (1.3)$$

$$V = \int d^3 x \partial_i \left(B^a F_{0i}^a + \frac{1}{2} A^a \epsilon_{ijk} F_{jk}^a \right) \quad (1.4)$$

で与えられる．A^a, B^a ($a=1,2,3$) は随伴表現に属する実スカラー場，F_{0i}^a, F_{jk}^a ($i,j,k=1,2,3$) は $SU(2)$ ヤン-ミルズ(Yang-Mills)場の電場，磁場である．上式の右辺は表面積分で与えられるため U, V はソリトンのように場が遠方で非自明な配位をとる場合にのみゼロにならない．今，無限遠でスカラー場が真空期待値 $\langle A^a \rangle = \delta_{a3} v, \langle B^a \rangle = 0$ を持つ場合を考えよう．すると $U = v \int d^3 x \partial_i F_{0i}^3, V = v \int d^3 x \partial_i \frac{1}{2} \epsilon_{ijk} F_{jk}^3$ となり，それぞれソリトンの電荷，磁荷に比例する．電荷の単位を g (結合定数) とすると磁荷の単位はディラックの量子化条件から $4\pi/g$ となる．したがって $U = vgn_e, V = v4\pi n_m/g$ と表わせる (n_e, n_m は整数)．一方(1.2)の左辺は 8×8 の非負値な行列とみなせるのでソリトンの静止系 ($P^0 = M, P^i = 0$, M はソリトンの質量) でその行列式を計算すると容易にボゴモルニーの不等式

$$M^2 \geq U^2 + V^2 \quad (1.5)$$

が得られる．ボゴモルニーの不等式を飽和する状態を BPS 状態と呼ぶ．BPS 状態の質量は電荷，磁荷を用いて

$$M^2 = U^2 + V^2 = v^2 \left(g^2 n_e^2 + \left(\frac{4\pi n_m}{g} \right)^2 \right) \quad \text{(BPS 質量公式)} \quad (1.6)$$

と表わされる．

$\mathcal{N}=1$ の超対称性代数の表現は粒子の質量がゼロの時はヘリシティ h (角運動量の運動方向成分) が $1/2$ だけ異なる 2 つの状

態($|h\rangle$, $|h-1/2\rangle$ と表わそう)からなる.質量が非ゼロの時は4つの状態($|h\rangle$, $|h-1/2\rangle$, $|h-1/2\rangle'$, $|h-1\rangle$)からなる4次元表現となる.

拡張された超対称性代数ではボゴモルニーの不等式が飽和されるか否かで異なった表現が得られる. $\mathcal{N}=2$ 超対称性の場合,BPS状態は4次元表現($|h\rangle$, $|h-1/2\rangle$, $|h-1/2\rangle'$, $|h-1\rangle$ からなる)を作るが,ボゴモルニー不等式を飽和しない状態は16次元表現に属する($|h\rangle$, $|h-1/2\rangle^{(i)}$ ($i=1,\cdots,4$), $|h-1\rangle^{(i)}$ ($i=1,\cdots,6$), $|h-3/2\rangle^{(i)}$ ($i=1,\cdots,4$), $|h-2\rangle$ からなる).拡張された超対称性を持つ理論の BPS 状態は $\mathcal{N}=1$ の理論における質量ゼロの状態に類似し「小さな」表現に属する.

理論を量子化し輻射補正を考慮すると一般に粒子の質量はくりこみ効果によって複雑に変化する.式(1.6)で M も U,V もくりこみを受ける.しかし BPS 状態に関してはこの式の等号は輻射補正の後も崩れることはない.これは,もし輻射補正で等号が崩れると BPS 状態が非 BPS 状態に転じることになり,表現の次元すなわち粒子の自由度が飛ばなければならないことになるためである.したがって BPS 状態の質量は量子化された後も式(1.6)で表わされる.

超対称性代数の「小さな」表現には,不変な超対称性が一部分生き残っている.この事情は次のように理解できる.簡単のため $\mathcal{N}=1$ 超対称性を考え,スピノルの2成分表示を用いる.すると(1.1)は

$$\{Q_\alpha, Q_\beta^\dagger\} = \sigma^\mu_{\alpha\beta} P_\mu, \quad \{Q_\alpha, Q_\beta\} = 0, \quad \{Q_\alpha^\dagger, Q_\beta^\dagger\} = 0$$
$$\alpha, \beta = 1, 2 \quad (1.7)$$

と書き直される($\sigma^0=1$,σ^i はパウリ行列).質量ゼロの表現を考えよう.この場合,粒子の運動量を $P_\mu=(P,0,0,P)$ ととる.す

ると(1.7)の第一式は$\{Q_\alpha, Q_\beta^\dagger\}=P(1+\sigma_3)_{\alpha\beta}$となり$Q_2=Q_2^\dagger=0$になる.すなわちmassless表現の状態$|h\rangle, |h-1/2\rangle$はいずれも$Q_2, Q_2^\dagger$で消される.一般にリー(Lie)環$\mathcal{G}$の元$g$で状態$|\psi\rangle$が消されると($g|\psi\rangle=0$), リー群の作用$\exp(tg)$は$|\psi\rangle$を不変に保つ($\exp(tg)|\psi\rangle=|\psi\rangle$, tはパラメータ).この時,リー群Gの対称性は状態$|\psi\rangle$では壊されずにそのまま生き残っていると考えられる.同様の考察を超対称性の場合に適用するとmassless表現ではQ_2と$Q_2^\dagger$の半分だけ超対称性が生き残っていることになる($Q_1, Q_1^\dagger$は表現を構成するために使われている,$Q_1|h\rangle=|h-1/2\rangle$, $Q_1^\dagger|h-1/2\rangle=|h\rangle$).$\mathcal{N}=2$超対称性では全部で8個のスーパーチャージがあるが,BPS状態ではこのうち4個が生き残る.生き残る超対称性があると表現の構成に使われるスーパーチャージの数が減り表現が小さくなる.表現が小さいほど生き残る超対称性が大きく量子補正に対する強い安定性を持つ.

■1.3 超重力理論

超弦理論に入る前に**超重力理論**からの準備をしておこう.超弦理論は低エネルギーでは超重力理論や超対称ゲージ理論に帰着するように構成されている.そのため対応する超重力理論の様子を調べることがまず重要である(超重力理論の概要に関してはたとえば[7]参照).10次元では$E_8 \times E_8$ヘテロティック弦理論,$SO(32)$ヘテロティック弦理論,$SO(32)$ open I型 superstring, IIA, IIB型 superstringの5種類の弦理論が存在する.$E_8 \times E_8$と$SO(32)$のランクはともに16で,これらのゲージ対称性は可換なゲージ群$U(1)^{16}$の対称性が特別に高められた場合と考えられる.そこで対応する超重力理論を考える時は$U(1)^{16}$のゲージ

対称性を考え $E_8{\times}E_8$ と $SO(32)$ の違い(さらにヘテロティックとI型の違いも)を無視することにする. すると, 対応する超重力理論/超対称ゲージ理論は次のようになる ($M, N=0, 1, 2, \cdots, 9$).

1. ヘテロティック/I型弦理論

    $\approx \mathcal{N}{=}1$ 超重力理論 $\oplus$ $U(1)^{16}$ 超対称ヤン-ミルズ理論

    ボソン: $G_{MN}, B_{MN}, \phi, A_M^i$ ($i=1,\cdots,16$)

    フェルミオン: $\psi_M^\alpha, \lambda_\alpha, \lambda^{\alpha,i}$ ($i=1,\cdots,16$)

    (1.8)

2. IIA型弦理論 $\approx \mathcal{N}{=}$2A 超重力理論

    ボソン: NS-NS セクター; G_{MN}, B_{MN}, ϕ

    RR セクター; C_M, C_{MNP}

    フェルミオン: NS-R セクター; $\psi_M^\alpha, \psi_{\alpha,M}, \lambda^\alpha, \lambda_\alpha$

    (1.9)

3. IIB型弦理論 $\approx \mathcal{N}{=}$2B 超重力理論

    ボソン: NS-NS セクター; G_{MN}, B_{MN}, ϕ

    RR セクター; $C, C_{MN}, C_{MNPQ}^{(+)}$

    フェルミオン: NS-R セクター; $\psi^{i,\alpha}, \lambda_{i,\alpha}$ ($i=1,2$)

    (1.10)

ここで G_{MN} は10次元の重力場, B_{MN} は2階反対称テンソル場, ϕ はディラトン(dilaton)の場で全ての理論に共通に現われる. $\mathcal{N}{=}1$ 超重力理論の ψ_M^α は(カイラリティがマイナスの)重力微子(グラビティーノ, gravitino)の場で G_{MN}, B_{MN} と超対称のペアを組む. (カイラリティがプラスの) λ_α はディラトンの相棒でディラティーノ(dilatino)と呼ばれる. $A_M^i, \lambda^{\alpha,i}$ は超対称ゲージ理論の多重項である. $\mathcal{N}{=}2$ 超重力理論では重力微子の場が2種類存在する. IIA型理論では2つの重力微子は互

いに反対のカイラリティを持ち(添字 α の上付き,下付きで区別する),IIB 型理論では同じカイラリティを持つ.IIA 型理論の C_{MNP},IIB 型理論の C_{MN},C^+_{MNPQ} はそれぞれ 3,2,4 階の反対称テンソル場である($C^{(+)}_{MNPQ}$ の + 符号はこれを微分してできる 5 階の反対称場が 10 次元空間で自己双対成分のみを持つことを意味する).

II 型理論は閉じた弦の理論であるため,弦を定義する 2 次元の場 $X^M(\tau,\sigma),\psi^M(\tau,\sigma)$ は右向きの成分 $X^M(z),\psi^M(z)$ と左向きの成分 $X^M(\bar{z}),\psi^M(\bar{z})$ に分離する($z=e^{\tau+i\sigma}$).さらに 2 次元のフェルミオンの場 ψ^M は $\sigma \to \sigma+2\pi$ の変換で異なる境界条件のセクター

$$\text{NS フェルミオン:} \quad \psi(\sigma+2\pi) = -\psi(\sigma)$$
$$\text{R フェルミオン:} \quad \psi(\sigma+2\pi) = \psi(\sigma) \qquad (1.11)$$

に分割される.右向き・左向き成分を合成すると **NS-NS**,**RR セクター**は 10 次元のベクトル/テンソル表現を与え,このため 10 次元時空のボソンを記述する.また **R-NS**(あるいは NS-R)セクターは 10 次元のスピノル表現を与え,このため 10 次元時空のフェルミオンを記述する.

II 型弦理論の RR セクターには特有の場が現われる.IIA 型理論には奇数次の反対称テンソル場,IIB 型理論には偶数次の反対称テンソル場が存在する.また IIB 型理論にはスカラー場 (ϕ,C),2 階反対称場 (B_{MN},C_{MN}),グラビティーノ,ディラティーノがそれぞれ 2 つずつ現われている.これを $\mathbb{Z}_2$(ワールドシートのパリティ変換 $\sigma \to -\sigma$)で割って 1 つずつに減らしたものが $\mathcal{N}=1$ の理論になる(この時,4 階反対称場は脱落する).IIB 型理論の弦は向き付けを持つが,ワールドシートのパリティ

変換で割ると向き付けを失い I 型弦理論となる.

弦理論のソリトンを議論するために超重力理論の古典解を調べてみよう. まず一般相対論のブラックホールのように点状にエネルギーが集中した形の解が存在するが, より一般には空間 p 次元に拡がった解が存在する. これらを p ブレーンと呼ぶ. 上に見たように超重力理論には反対称テンソル場が存在しこれが p ブレーン解が存在する原因となる. よく知られているようにゲージ場 A_M は点粒子と次のように相互作用する.

$$\int dt A_M(X(t)) \frac{dX^M(t)}{dt} \qquad (1.12)$$

ここで, t は時間である. 粒子は空間的な拡がりを持たないので $p=0$ ブレーンと呼ぶことにする. 反対称テンソル場 $A_{M_1 M_2 \cdots M_p}$ の場合は空間 p 次元に拡がった物質と次のような相互作用を考えるのが自然である.

$$\int dt d\sigma_1 \cdots d\sigma_p A_{M_0 M_1 \cdots M_p}(X(t,\sigma)) \frac{\partial(X^{M_0}, X^{M_1} \cdots, X^{M_p})}{\partial(t, \sigma_1, \cdots, \sigma_p)} \qquad (1.13)$$

ここで $\sigma_1, \cdots, \sigma_p$ は p ブレーンの拡がりを記述する座標である. このように $p+1$ 次の反対称テンソル場は p 次元に拡がった物質をその源(source)とする. 微分形式を用いて $A_{p+1}=A_{M_0 M_1 \cdots M_p} dX^{M_0} \wedge dX^{M_1} \cdots \wedge dX^{M_p}$, $F_{p+2}=dA_{p+1}$ 等と略記しよう. F_{p+2} は p ブレーンの源から作られる $p+2$ 形式の場の強さである. 10 次元で dual を取って $^*F_{p+2} \equiv F_{8-p}$ で $8-p$ 形式を定める. F_{p+2} が運動方程式 $^*d^*F_{p+2}=0$ を満たせば, $7-p$ 形式 A_{7-p} が存在して $F_{8-p}=dA_{7-p}$ となる. ポテンシャル A_{7-p} は $6-p$ ブレーンに結合する. したがって 10 次元では p ブレーンと $6-p$ ブレーンが互いに双対となる.

微分形式を用いると(1.13)は

$$\int_{c_{p+1}} A_{p+1} \qquad (1.14)$$

と書くことができる．c_{p+1} は $p+1$ 次元のサイクルを意味する．たとえば，反対称テンソル場 B_{MN} は3形式の場の強さを $H=dB$ を持ち，1ブレーン(ストリング)を源にしている．10次元空間では1ブレーンは7次元球面で取り囲むことができる．1ブレーンを取り囲む積分 $\int_{S^7} {}^*H$ を考えるとこれは1ブレーンが帯びている電荷を表わすと考えられる．また1ブレーンの双対である5ブレーンを考え，それを取り囲む積分 $\int_{S^3} H$ を考えるとこれは5ブレーンが持つ磁荷とみなすことができる．超重力理論にもボゴモルニーの不等式に相当するものが存在し，BPS状態は p ブレーンの持つ質量(密度)がその電荷，磁荷と一致した場合に得られる．一般相対性理論では電荷 Q を持つブラックホールの質量 M は裸の特異点を避けるために領域 $M \geq |Q|$ に制限され，$M=|Q|$ の時，**臨界ブラックホール**と呼ばれる．超重力理論では臨界ブラックホールがBPS状態に相当している．

超重力理論の典型的なBPSソリトン解を見てみよう．以下で κ^2 は10次元超重力理論の重力定数である*．

(**1**) **NS 5 ブレーン**

$$ds_{10}^2 = -dt^2 + d\vec{x}_\| \cdot d\vec{x}_\| + A(r) d\vec{x}_\perp \cdot d\vec{x}_\perp$$
$$\vec{x}_\| \in E^5, \quad \vec{x}_\perp \in E^4$$
$$e^{2\phi} = A(r) = 1 + \sqrt{2}\,\kappa Q/r^2, \quad r^2 = \vec{x}_\perp^2$$
$$F = dB = Q\epsilon_3 \qquad (1.15)$$

---

* 付録を見よ．

（2）0ブレーン：IIA 型理論

$$ds_{10}^2 = -A(r)^{-\frac{1}{2}}dt^2 + A(r)^{\frac{1}{2}}(d\vec{x}_\perp \cdot d\vec{x}_\perp)$$
$$\vec{x}_\perp \in E^9$$
$$e^\phi = A(r)^{\frac{3}{4}}, \quad A(r) = 1 + \sqrt{2}\,\kappa Q/7r^7$$
$$C_1 = \frac{1}{\sqrt{2}\,\kappa A(r)}dt \tag{1.16}$$

一般の RR 電荷を持つ p ブレーン解は，

（3）RR 電荷を持つ p ブレーン解

（p=偶数：IIA 型理論，p=奇数：IIB 型理論）

$$ds_{10}^2 = A(r)^{-\frac{1}{2}}(-dt^2 + d\vec{x}_\parallel \cdot d\vec{x}_\parallel) + A(r)^{\frac{1}{2}}(d\vec{x}_\perp \cdot d\vec{x}_\perp)$$
$$\vec{x}_\parallel \in E^p, \quad \vec{x}_\perp \in E^{9-p}$$
$$e^{4\phi} = A(r)^{3-p}, \quad A(r) = 1 + \sqrt{2}\,\kappa Q/(7-p)r^{7-p}$$
$$G = dC_{7-p} = Q\epsilon_{8-p} \tag{1.17}$$

で与えられる．これらのソリトン解とは少し性格の違うものに基本ストリング解がある．

（4）基本ストリング解

$$ds_{10}^2 = A(r)^{-1}(-dt^2 + dx^2) + d\vec{x}_\perp d\vec{x}_\perp, \quad \vec{x}_\perp \in E^8$$
$$e^{-2\phi} = A(r) = 1 + \sqrt{2}\,\kappa Q/6r^6, \quad B_2 = \frac{1}{\sqrt{2}\,\kappa A(r)}dt \wedge dx^1 \tag{1.18}$$

ここで E^p は p 次元ユークリッド空間，$\vec{x}_\parallel$ はブレーン方向の座標，$\vec{x}_\perp$ はブレーンに直交方向の座標である．Q はブレーンの電荷・磁荷，F は場の強さ，ϵ_p は p 次元球面 S^p の volume form

である．因子 $A(r)$ は常にブレーンの直交方向の空間 E^{9-p} の調和関数になっている．上で解はいわゆる string frame で表わした．string frame では超重力理論の作用は

$$\int d^{10}x \exp(-2\phi)\sqrt{g}\,R + \cdots \tag{1.19}$$

の形を持つ．ここで，ϕ はディラトンである．したがって $\exp(2\phi)$ は弦理論のニュートン(Newton)定数(重力の相互作用定数)に相当する．

NS5ブレーン(1.15)はヘテロティック，II型に共通の解でB場に結合し，NS-NS電荷を帯びたソリトン的5ブレーンを記述する．ブレーンの芯 $\vec{x}_\perp = 0$ では NS5ブレーンのディラトンは発散する($\phi \to \infty$)．したがって NS5ブレーンの中心は重力相互作用が強くなり超重力理論による近似は悪くなると考えられる．NS5ブレーンの弦理論による正確な記述は知られていない．

一方，RR電荷を持ったソリトン的 p ブレーン解(1.16, 1.17)はIIA，IIB型理論に存在する．IIA型では $p=$ 偶数，IIB型では $p=$ 奇数である．

基本ストリング(1.18)は超重力理論の作用に弦理論のワールドシート作用を付け加えた理論の解である．したがって，基本ストリングは弦理論に存在するもともとのストリングの回りの重力場等の様子を表わすと考えられる．このため基本ストリングはソリトンではなく素粒子に対応する．ヘテロティック，II型に共通の解でB場と結合し NS-NS電荷を持つ．

■1.4 IIB型理論と $SL(2,\mathbb{Z})$ 不変性

IIB型理論には2階テンソル場が2つ現われる(B_{MN} と C_{MN})．

NS-NS セクターの場 B_{MN} の源になる 1 ブレーンはもともとの IIB 型ストリングであるが RR セクターの場 C_{MN} の源になる別種類のストリング(1 ブレーン)もソリトンとして理論の中に存在するはずである. 一般に B_{MN} の電荷と p と C_{MN} の電荷 q を両方持つソリトン的なストリングが考えられる. IIB 型超重力理論のラグランジアンは

$$I_{\text{IIB}} = \frac{1}{2\kappa^2} \int d^{10}x \sqrt{-g} \left(R + \frac{1}{4} Tr(\partial M)(\partial M^{-1}) - \frac{1}{12} H^T M H \right)$$

(1.20)

$$M = e^\phi \begin{pmatrix} |\lambda|^2 & C_0 \\ C_0 & 1 \end{pmatrix}, \ \lambda = C_0 + \sqrt{-1} e^{-\phi}, \ H_3 = \begin{pmatrix} dB_2 \\ dC_2 \end{pmatrix}$$

(1.21)

で与えられる. (2 形式の場 C_{MN} と 0 形式の場 C を区別するために, それぞれ C_2, C_0 と表わした.) また, 便宜のため Einstein frame を用いた. Einstein frame と string frame の計量はワイル・リスケーリング(Weyl rescaling)

$$G_{MN}^{EIN} = e^{-\frac{\phi}{2}} G_{MN}^{string} \quad (1.22)$$

の関係がある. 4 階反対称の場はゼロとし, フェルミオンの場は省いた. 2 つのスカラー場 ϕ, C_0 は結合して複素の場 λ を作っている. 上のラグランジアンは次の $SL(2,\mathbb{R})$ 変換で不変である.

$$\Lambda = \begin{pmatrix} a & b \\ c & d \end{pmatrix} \in SL(2,\mathbb{R}), \ \lambda \to \frac{a\lambda + b}{c\lambda + d}, \ M \to \Lambda M \Lambda^T$$

(1.23)

$$\begin{pmatrix} B_2 \\ C_2 \end{pmatrix} \to \begin{pmatrix} d & -c \\ -b & a \end{pmatrix} \begin{pmatrix} B_2 \\ C_2 \end{pmatrix} \quad (1.24)$$

$SL(2,\mathbb{R})$ 変換のもとで B_2 と C_2 は互いの線形結合に移る.この変換を用いて基本ストリングから B,C の電荷 p,q を持つストリングのファミリーを作ることができる.この時,ストリング(1ブレーン)と5ブレーンの間の量子化条件(電荷と磁荷の間のディラックの量子化条件を一般化したもの)を考えると p,q は整数に限られる.B,C のチャージが量子化されると $SL(2,\mathbb{R})$ 変換(1.24)は $SL(2,\mathbb{Z})$ 変換に制限される.量子化された IIB 型弦理論は **$SL(2,\mathbb{Z})$ 不変性**を持つ.

群 $SL(2,\mathbb{Z})$ は2つの変換

$$S = \begin{pmatrix} 0 & 1 \\ -1 & 0 \end{pmatrix}, \quad T = \begin{pmatrix} 1 & 1 \\ 0 & 1 \end{pmatrix} \quad (1.25)$$

で生成される.S 変換はディラトン場 $C_0+\sqrt{-1}e^{-\phi}$ を $-(C_0+\sqrt{-1}e^{-\phi})^{-1}$ に移す.簡単のため $C_0=0$ とおくと $e^{-\phi} \to e^{\phi}$ となる.ディラトン場 e^{ϕ} は弦理論の結合定数 g_s と同定されるため S 変換は結合定数の反転,すなわち S デュアリティの変換を引き起こす.一方,T 変換は C_0 のシフト $C_0 \to C_0+1$ を与える.

x^1 方向にのびている基本ストリング(1.18)は Einstein frame では

$$ds^2 = A(r)^{-\frac{3}{4}}(-(dt)^2+(dx^1)^2)+A(r)^{\frac{1}{4}}d\vec{x}_\perp \cdot \vec{x}_\perp \quad (1.26)$$

$$e^{2\phi} = B_{01}(r) = A(r)^{-1}, \quad A(r) = 1+32\pi^2\alpha'^3/3r^6$$
$$r^2 = \vec{x}_\perp^2$$

で与えられる．p,q を任意の整数として，この解は次のように一般化される．

$$ds^2 = A_{p,q}(r)^{-\frac{3}{4}}(-(dt)^2+(dx^1)^2)+A_{p,q}(r)^{\frac{1}{4}}d\vec{x}_\perp \cdot d\vec{x}_\perp$$

$$A_{p,q}(r) = 1+\sqrt{p^2+q^2}\frac{32\pi\alpha'^3}{r^6}, \quad \lambda(r) = \frac{\sqrt{-1}pA_{p,q}(r)^{\frac{1}{2}}-q}{\sqrt{-1}qA_{p,q}(r)^{\frac{1}{2}}+p}$$

$$B_{01}(r) = \frac{p}{\sqrt{p^2+q^2}}A_{p,q}(r)^{-1}, \quad C_{01}(r) = \frac{q}{\sqrt{p^2+q^2}}A_{p,q}(r)^{-1}$$

(1.27)

(1.27)はNS-NSとRR電荷 p,q を持つストリングを表わす．特に $p=1, q=0$ はIIB型基本ストリング(1.26)に帰着する．一方，RR電荷のみを持つ $p=0, q=1$ のソリトン的ストリングは D ストリングと呼ばれる．$p=1, q=0$ ないし $p=0, q=1$ に $SL(2,\mathbb{Z})$ 変換を施すと互いに素なチャージ p,q を持つストリングが全て得られる．基本ストリングはいわば素粒子，RR電荷を持つストリングはいわばソリトンと考えられるため $SL(2,\mathbb{Z})$ 不変性は素粒子とソリトンが理論の中で完全に同格な役割を果たすことを意味する．

(1.27)では簡単のためディラトンの無限遠での値を $\phi_0=0, C_0=0$ とした．(1.27)をさらに一般化して $\phi_0 \neq 0$ の場合の解を構成することができる．この解を用いると (p,q) ストリングの張力(弦の長さ当りの質量)は基本ストリングの張力を単位にして

$$T_{p,q} = \left(e^{\phi_0}p^2+e^{-\phi_0}q^2\right)^{\frac{1}{2}} \quad (1.28)$$

となる．ディラトン場の無限遠での値 e^{ϕ_0} は弦理論の結合定数 g_s に等しい．したがって(1.28)はSデュアリティの変換 $g_s \to 1/g_s$, $p \to q$ の下であらわに不変な形を持っている．Einstein frameからstring frameへ移ると，ワイル・リスケーリングのため質

量の尺度が変化する．string frame での (p,q) ストリングの張力は

$$T_{p,q} = \left(p^2 + e^{-2\phi_0}q^2\right)^{\frac{1}{2}} \qquad (1.29)$$

で与えられる．上式から

$$T_{p,q} \leq |p| + |q|T_{0,1} \qquad (1.30)$$

を得る．このため (p,q) ストリングは $|p|$ 個の基本ストリングと $|q|$ 個の D ストリングを合わせたものよりも小さな質量密度を持ち，これらのストリングの束縛状態と解釈される．p,q が共通因子 n を持つ時は $T_{p,q} = nT_{p/n,\,q/n}$ となり n 個のストリング $T_{p/n,\,q/n}$ に分解する．また(1.29)から

$$T_{0,q} = e^{-\phi_0}|q| = \frac{|q|}{g_s} \qquad (1.31)$$

が得られる．(1.31)は RR 電荷のみを持つストリングの質量は特徴的な因子 $e^{-\phi} = g_s^{-1}$ を持つことを示す．この事情は一般的に成り立ち，RR 電荷を持つ p ブレーンの質量密度は全て因子 g_s^{-1} に比例することが知られている．

■1.5 IIA 型理論と M 理論

1.3節で見たように弦理論のソリトンは超重力理論の古典解で近似的に記述され，NS-NS 電荷を持つもの，RR 電荷を持つもの，両方の電荷を帯びたものが存在する．一方，弦理論の素粒子にあたるものは弦の個々の励起状態であるが，これらは全て NS-NS 電荷しか持たないことが知られている(基本ストリングの解には B_2 のフラックスしか存在しないことを思い出す)．こ

れはゲージ理論において基本粒子は電荷のみを持ち,磁荷を持つものは理論のソリトンとして現われるという事情によく似ている.IIA型理論の0ブレーンを考えよう.0ブレーン(1.16)はRR電荷を持った臨界ブラックホールで,その質量は

$$m = e^{-\phi}|n| = \frac{|n|}{g_s} \tag{1.32}$$

で与えられることが知られている.ここで $g_s \equiv e^{\phi}$ は弦理論の結合定数,n は RR 電荷である.

一方,IIA 型超重力理論は 11 次元超重力理論から次元還元(dimensional reduction)によって得られることが知られている.11 次元の超重力理論は 11 次元の計量 $G^{(11)}_{\mu\nu}$,3 階反対称場 $A_{3\,\mu\nu\rho}$ ($\mu,\nu,\rho=0,1\cdots,9,11$) とグラビティーノからなり,その作用は

$$I_{11\text{-SG}} = \frac{1}{2}\int d^{11}x\sqrt{-G^{(11)}}\left(R^{(11)} - \frac{1}{48}|dA_3|^2\right) + \frac{1}{6}\int dA_3 \wedge dA_3 \wedge A_3 \tag{1.33}$$

で与えられる(グラビティーノの部分は略す).今,11 番目の方向が半径 r の円 S^1 にコンパクト化されたとしよう.すると 11 次元の計量は 10 次元の計量 G_{MN} とベクトル場 C_M,スカラー場 γ に次のように分解する.

$$ds^2 = G^{(10)}_{MN}dx^M dx^N + e^{2\gamma}\left(dx^{11} - C_M dx^M\right)^2 \tag{1.34}$$

$$r = e^{\gamma}, \quad M,N = 0,1,2,\cdots,9$$

C_M は 11 次元計量の $G^{(11)}_{M11}$ 成分,γ は $G^{(11)}_{1111}$ 成分である.同様に,10 次元への次元還元の下で $A_{3\,\mu\nu\rho}$ は $C_{3\,MNP} = A_{3\,MNP}$ と $B_{MN} = A_{3\,MN11}$ に分解され,(1.33)は

$$I = \int d^{10}x \sqrt{-G^{(10)}} \left(e^{\gamma}\left(R - \frac{1}{48}|dC_3|^2\right) - \frac{e^{3\gamma}}{4}|dC_1|^2 \right.$$
$$\left. - \frac{1}{12}e^{-\gamma}|dB_2|^2 \right) + \frac{1}{2}\int dC_3 \wedge dC_3 \wedge B_2 \quad (1.35)$$

と書き直される.これにワイル・リスケーリング $G^{(10)}_{\mu\nu} = e^{-\gamma} g_{\mu\nu}$ を行うと

$$I_{\text{IIA}} = \int d^{10}x \sqrt{-g}\left(e^{-3\gamma}\left(R + 9|\nabla\gamma|^2 - \frac{1}{12}|dB_2|^2\right) \right.$$
$$\left. - \frac{1}{4}|dC_1|^2 - \frac{1}{48}|dC_3|^2 \right) + \int dC_3 \wedge dC_3 \wedge B_2$$
$$(1.36)$$

となって IIA 型超重力の作用と一致する.

この時,スカラー場 γ はディラトンと $e^{-3\gamma} = e^{-2\phi}$ の関係にある.したがって 11 次元の半径 r は IIA 型弦理論の結合定数 g_s に

$$r = e^{\gamma} = e^{\frac{2\phi}{3}} = g_s^{\frac{2}{3}} \quad (1.37)$$

のように依存する.正確のため,今まで1とおいてきた次元量 ℓ_P(11 次元理論のプランク(Planck)長)を復活させると上の関係は

$$r = g_s^{\frac{2}{3}} \ell_P \quad (1.38)$$

となる.一方,11 次元のニュートン定数は $1/\ell_P^9$,また 10 次元理論のニュートン定数は $1/(g_s^2 \ell_s^8)$ に比例する.ℓ_s は 10 次元理論の基準の長さで,弦の張力(の逆数)α' と $\ell_s^2 = \alpha'$ の関係がある.次元還元の際,S^1 の半径 r だけニュートン定数が変化するため 2 つのニュートン定数には

$$\frac{r}{\ell_P{}^9} = \frac{1}{g_s{}^2 \ell_s{}^8} \qquad (1.39)$$

の関係がある．(1.38)と組み合わせると結局関係

$$r = g_s \ell_s, \quad \ell_P = g_s^{\frac{1}{3}} \ell_s \qquad (1.40)$$

を得る．

11次元はS^1にコンパクト化されたため11方向の粒子の運動量はn/r(nは整数)に量子化されている．したがってrが大きい時11次元の理論には小さな質量$m=|n|/r$の状態($n=\pm1,\pm2,\cdots$)が無数に現われる．この粒子の質量は，10次元では

$$m = \frac{|n|}{r} = \frac{|n|}{g_s \ell_s} \qquad (1.41)$$

となりRR電荷を持った0ブレーンに見える．

ウィッテンは(1.32)と(1.41)の一致に注目してIIA型理論の0ブレーンは11次元超重力理論をS^1にコンパクト化する際のカルツァ-クライン(Kaluza-Klein)モード(S^1方向の運動量を持つ状態)であると同定した．この時，S^1の半径rはIIA型理論の結合定数g_sと(1.40)の関係がある：弱結合領域ではrは小さく，強結合領域で大きい．したがって，10次元IIA型理論が強結合領域に入ると半径rが徐々に大きくなり新しい次元x^{11}が出現する．$g_s \to \infty$の極限で新しい次元のサイズは無限にのびIIA型理論は11次元の理論に転化する(次元酸化, dimensional oxidation)！

IIA型理論の強結合極限で定義される11次元の理論をM理論と呼ぶ．11次元超重力理論はM理論の低エネルギーでの近似と考えられる．11次元超重力理論は3階反対称テンソル場A_3を持つため，これに結合する2ブレーン(メンブレーン)をそ

の基本的な力学的自由度として持つ．しかし2次元的に拡がったメンブレーンはストリングと異なりその量子化に困難があり，弦理論の場合のようなメンブレーンの基礎理論は知られていない．このため11次元の理論は従来真剣に取り扱われることが少なかった．しかしM理論は新しい11次元の基礎理論の存在を強く示唆している．

M理論を S^1 上でコンパクト化してIIA型理論が得られることを上で見たが，またM理論を $S^1/\mathbb{Z}_2$ でコンパクト化すると $E_8 \times E_8$ ヘテロティック弦理論が得られる．一方，$SO(32)$ I型理論と $SO(32)$ ヘテロティック弦理論がSデュアリティにより互いに結ばれることが見出されている．また，次節で述べるTデュアリティを用いるとトロイダルコンパクト化の下でIIAとIIB型理論が等価になること，また $E_8 \times E_8$ と $SO(32)$ ヘテロティック弦理論が等価になることが以前から知られている．これらの関係をつなぎ合わせるとM理論から全ての弦理論が生成される．このためM理論は弦理論よりもさらに基本的な基礎理論と考えられる．

■1.6 Dブレーン

まずはじめに弦理論のモード展開を思い出そう．閉じた弦の場合，ボソンの場 $X^M (M=0,1,\cdots,9)$ は z のみに依存する右巻成分と $\bar{z}$ のみに依存する左巻成分に分解して次のように展開される．

$$X^M(z) = \frac{x^M}{2} + i\sqrt{\frac{\alpha'}{2}} \left(-\alpha_0^M \log z + \sum_{m\neq 0} \frac{\alpha_m^M}{m} z^{-m} \right)$$
$$z = e^{\tau+i\sigma} \qquad (1.42)$$

$$X^M(\bar{z}) = \frac{x^M}{2} + i\sqrt{\frac{\alpha'}{2}}\left(-\tilde{\alpha}_0^M \log \bar{z} + \sum_{m\neq 0}\frac{\tilde{\alpha}_m^M}{m}\bar{z}^{-m}\right)$$
(1.43)

ここで (τ,σ) は弦のワールドシートの座標, $\sqrt{\alpha'}=\ell_s$ は弦の長さの単位を表わす. α_0^M と $\tilde{\alpha}_0^M$ はゼロ・モードである. 閉弦(closed string)の座標 $X(z,\bar{z})=X(z)+X(\bar{z})$ のゼロ・モードへの依存性は $X^M = \cdots -i\sqrt{\frac{\alpha'}{2}}(\alpha_0^M+\tilde{\alpha}_0^M)\tau + \sqrt{\frac{\alpha'}{2}}(\alpha_0^M-\tilde{\alpha}_0^M)\sigma+\cdots$. したがって, 弦の持つ運動量は $p^M=\sqrt{\frac{1}{2\alpha'}}(\alpha_0^M+\tilde{\alpha}_0^M)$ である. 今, M 方向が半径 R の円 S^1 にコンパクト化されていると運動量は $1/R$ に量子化される.

$$\sqrt{\frac{1}{2\alpha'}}(\alpha_0^M+\tilde{\alpha}_0^M) = \frac{n}{R}, \quad n \in \mathbb{Z} \qquad (1.44)$$

また, 弦が S^1 に巻き付く可能性を考えると

$$2\pi\sqrt{\frac{\alpha'}{2}}(\alpha_0^M-\tilde{\alpha}_0^M) = 2\pi R m, \quad m \in \mathbb{Z} \qquad (1.45)$$

を得る. したがって

$$\alpha_0^M = \left(\frac{n}{R}+\frac{mR}{\alpha'}\right)\sqrt{\frac{\alpha'}{2}}, \quad \tilde{\alpha}_0^M = \left(\frac{n}{R}-\frac{mR}{\alpha'}\right)\sqrt{\frac{\alpha'}{2}}$$
(1.46)

となる. 運動量 n と巻き付き数 m を入れ替え, 半径 R を $R'=\alpha'/R$ に置き換える変換を考える. これを **T変換** と呼ぶ. T変換でゼロ・モード α_0^M は不変, $\tilde{\alpha}_0^M$ は符号を変える. そこで非ゼロ・モードも α_n^M は不変 $\tilde{\alpha}_n^M$ は符号を変えると要請する. するとT変換で

$$X^M(z) \to X^M(z), \quad X^M(\bar{z}) \to -X^M(\bar{z}) \qquad (1.47)$$

1.6 Dブレーン

T変換はカイラルな(片側だけの)パリティ変換である.

開弦の場合を考えよう. 開弦のモード展開は

$$X^M(z) = \frac{x^M}{2} + C^M - i\alpha' p^M \log z + i\sqrt{\frac{\alpha'}{2}}\left(\sum_{m\neq 0}\frac{\alpha_m^M}{m}z^{-m}\right) \quad (1.48)$$

$$X^M(\bar{z}) = \frac{x^M}{2} - C^M - i\alpha' p^M \log \bar{z} + i\sqrt{\frac{\alpha'}{2}}\left(\sum_{m\neq 0}\frac{\alpha_m^M}{m}\bar{z}^{-m}\right) \quad (1.49)$$

で与えられる. 便宜のため, 定数ベクトル C^M を導入した. M 方向がコンパクト(半径 R)ならば, 運動量は $p^M = n/R$ である. 通常の開弦の座標は

$$\begin{aligned}X^M(z,\bar{z}) &= X^M(z) + X^M(\bar{z}) \\ &= x^M - 2i\alpha' p^M \tau + i\sqrt{2\alpha'}\sum\frac{\alpha_m^M}{m}\cos m\sigma e^{-m\tau}\end{aligned} \quad (1.50)$$

である. $X^M(z,\bar{z})$ は端点 $\sigma=0,\pi$ でノイマン型境界条件に従う.

$$\left.\frac{\partial X^M(z,\bar{z})}{\partial \sigma}\right|_{0,\pi} = 0 \quad (1.51)$$

今, これにT変換を施すと

$$\begin{aligned}X'^M(z,\bar{z}) &\equiv X^M(z) - X^M(\bar{z}) \\ &= 2C^M + 2\alpha' p^M \sigma + \sqrt{2\alpha'}\sum\frac{\alpha_m^M}{m}\sin m\sigma e^{-m\tau}\end{aligned} \quad (1.52)$$

が得られる. $X'^M(z,\bar{z})$ は端点でディリクレ型境界条件に従う

$$X'^M(z,\bar{z})\Big|_{\sigma=0} = 2C^M \tag{1.53}$$

$$X'^M(z,\bar{z})\Big|_{\sigma=\pi} = 2C^M + 2\pi\alpha' p^M = 2C^M + \frac{2\pi\alpha' n}{R} \tag{1.54}$$

(1.53),(1.54)で，X'^M の左の端点 $\sigma=0$ は $2C^M$ に固定され，右の端点 $\sigma=\pi$ は $2C^M + 2\pi R' n$ に固定されている．ノイマン型条件に従う開弦の運動量 p^M はディリクレ・ストリングでは半径 R' の円の巻き付き数に転化している．

閉じた弦の理論がT変換の下で不変性を持つこと(Tデュアリティ)は以前から知られていた．一方，開いた弦の理論のT変換は上のように通常と異なる境界条件を生み，理論の新しいセクターの導入を必要とさせる．今，一般にノイマン型とディリクレ型の境界条件が混在する場合を考える．

$$X^M = \begin{cases} M = 0, 1, \cdots, p & \text{ノイマン型境界条件} \\ M = p+1, \cdots, 9 & \text{ディリクレ型境界条件} \end{cases} \tag{1.55}$$

このような弦の端点は $p+1$ 次元方向へは自由に動けるが，直交する $9-p$ 次元方向へは動くことができない．したがって弦の端点は $p+1$ 次元の超平面を掃くことになる．この $p+1$ 次元超平面をディリクレ p ブレーン，あるいは単に **Dp** ブレーンと呼ぶ．

Dブレーンは一見特別な境界条件から生じた人為的な境界面に思えるが，ポルチンスキーはDブレーンが物理的な実体であること，さらに単位のRR電荷を持つ弦理論のソリトンを与えることを指摘した([5])．Dブレーンの空間的な広がりの次元 p はIIA型理論では偶数，IIB型理論では奇数が許される．したがって，Dブレーンは1.3節で見たRR電荷を持った超重力理

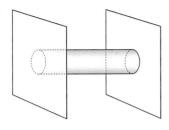

図1.1 アニュラス・グラフ

論のブレーン解のミクロな説明を与えると考えられる．超重力理論のブレーン解はDブレーンが巨視的な量だけ集まってできたものとみなされる．

DブレーンがRR電荷を持つことを見るには，2つの平行なDブレーンに開弦の両端が付いている図1.1のような振幅を考える(アニュラス・グラフと呼ばれる)．アニュラス・グラフは正面から見ると開弦の1ループに見え，またこれを横から見ると閉弦の交換に見える．開弦の1ループのグラフは標準的な弦理論の計算法を用いて評価できる．今，ブレーン間の距離 r が大きくなる場合を考えると，横から見たグラフは閉じた弦の長距離の伝搬を表わし，$r \to \infty$ の極限で質量ゼロのモードだけが振幅に寄与する．これらはII型超重力理論に現われる粒子である．したがって図1.1の振幅は r が大きい時，2つのDブレーンの間に交換される重力子 G_{MN}，RR場 C_{p+1} 等によるクーロン力を表わす．重力子のDブレーンとの結合の強さはその質量密度 T_p に比例し，RR場 C_{p+1} の結合の強さはRR電荷の大きさ μ_p に比例する．この事情を用いて開弦の計算結果を参照すると μ_p, T_p を決定することができる．

$$\mu_p = \sqrt{2\pi}(4\pi^2\alpha')^{(3-p)/2}, \quad T_p = \sqrt{\pi}(4\pi^2\alpha')^{(3-p)/2} \tag{1.56}$$

μ_p は関係 $\mu_p \mu_{6-p} = 2\pi$ を満たし,ディラックの量子化条件を満足する最小単位の RR 電荷を与える.

■1.7 Dブレーンとゲージ対称性の生成

10次元時空の中を飛び回る通常のストリングについては,閉じた弦の基底状態が超重力理論を与え,開いた弦の基底状態が超対称ゲージ理論を与えることがよく知られている.一方,図1.2のようにDブレーン上に両端点を持つ開弦を考えると,その運動は $p+1$ 次元の超平面上に限られるため,理論の基底状態は $p+1$ 次元の超対称ゲージ理論を与えると考えられる.この時ゲージ場は1種類のものしか存在しないので,ゲージ対称性としては $U(1)$ 対称性が得られる.すなわち,1枚のDブレーン上には $U(1)$ 超対称ゲージ理論が誘導される.

$$1 \text{枚のDブレーン} \implies U(1) \text{ゲージ対称性} \qquad (1.57)$$

次に図1.3のように2枚の平行なDブレーンが接近し存在する時を考えよう.この時には,まず同じDブレーン上に端点を持つ開弦から,それぞれのDブレーン上に $U(1)$ ゲージ理論が生成される.すなわち,まず $U(1)^2$ のゲージ対称性がある.さらに両端を異なったブレーン上に持つ開弦を考えると余分な massless ベクトル場が現われる.このベクトル場の質量は(弦の長さ)×(弦の張力)で与えられ,2枚のDブレーン間の距離が小さくなるとともに減少し,Dブレーンが重なる極限でゼロになる.この時ストリングの向き付けまで考えると2つのベクトル場が massless になる.したがって,2枚重なったDブレーン上には合計4つの massless ベクトル場が存在する.この時,

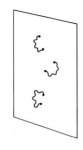

図 1.2 ブレーン上に両端を持つ開いた弦

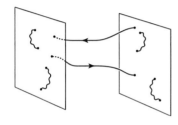

図 1.3 平行な 2 枚の D ブレーン．それぞれのブレーン上に両端を持つ開弦のほかに，異なるブレーン上に両端を持つ開弦が存在する．

$U(1)^2$ ゲージ対称性は非可換な $U(2)$ 対称性に高められ，4 つのベクトル場は $U(2)$ のヤン-ミルズ場に転化すると考えられる．したがって 2 枚の重なった D ブレーン上には $U(2)$ のゲージ理論が誘導される．

同様にして D ブレーンが N 枚重なると $U(1)^N$ のゲージ対称性が $U(N)$ ゲージ対称性に持ち上げられる．このようにして D ブレーンは非可換なゲージ対称性を生み出す全く新しい力学的なメカニズムを与える．

$$N \text{ 枚重なったブレーン} \implies U(N) \text{ ゲージ対称性} \quad (1.58)$$

同時に，D ブレーンはゲージ対称性を破るヒッグス機構の幾何学的な解釈を与える．上に述べたように N 枚重なった D ブレー

ン上には $U(N)$ ゲージ理論が励起されるが,これは10次元の超対称ヤン-ミルズ理論の $p+1$ 次元への次元還元に一致すると考えられる.10次元のベクトル場 A_M は $p+1$ 次元ではベクトル場 A_i ($i=0,1,\cdots,p$) とスカラー場 ϕ_j ($j=p+1,\cdots,9$) に分解する. p ブレーン上の場 A_i, ϕ_j と開弦との結合は

$$V_A = \int d\tau \sum_{i=0}^{p} A_i(X)\, \partial_\tau X^i\big|_{\sigma=0,\pi}$$
$$V_\phi = \int d\tau \sum_{p+1}^{9} \phi_j(X)\, \partial_\sigma X^j\big|_{\sigma=0,\pi} \quad (1.59)$$

で与えられる.開弦のワールドシートの作用は通常の $\int d\tau d\sigma \left(-\partial_\tau X^M \partial_\tau X^M + \partial_\sigma X^M \partial_\sigma X^M\right)$ で与えられる. X^j の変分を取ると,第2項から

$$\int d\tau\, \delta X^j \partial_\sigma X^j\big|_{\sigma=0,\pi} \quad (1.60)$$

が得られる.これと (1.59) を比較するとスカラー場 ϕ^j の真空期待値はブレーンの x^j 方向の座標を表わすと解釈される.

今,Dpブレーンののびている方向を $\{x_0, x_1, \cdots, x_p\}$ としよう.すると,その10次元空間における位置は座標 $\{x_{p+1}, \cdots, x_9\}$ の値で定まる.しかし,理論の並進不変性のためこれら $9-p$ 個の座標の値はもともと任意であり,ブレーンの位置を定めることにより並進不変性の自発的破れが生じている.スカラー場 $\{\phi^j, j=p+1,\cdots,9\}$ はこの対称性の破れを回復する南部-ゴールドストーン (Goldstone) モードと解釈される.

p ブレーン上の $U(N)$ ゲージ理論はポテンシャルエネルギー

$$V = \frac{1}{g^2}\int d^{p+1}x \sum_{i\neq j=p+1}^{9} Tr\,[\phi_i, \phi_j]^2 \quad (1.61)$$

を持つ.

1.7 Dブレーンとゲージ対称性の生成

ここでスカラー場 $\{\phi_i, i=p+1,\cdots,9\}$ は $N\times N$ エルミート行列である（スカラー場 $\phi_i(x)$ の真空期待値は座標 x に依らないので，基底状態を議論する場合には ϕ_i は単なる行列とみなすことができる）．理論の基底状態は $V=0$ で与えられ，基底状態において行列 ϕ_i ($i=p+1,\cdots,9$) は同時対角化される．

この時，ϕ_i の n 番目（$1\leq n\leq N$）の固有値 $\phi_i^{(n)}$ は n 番目のブレーンの x_i 座標と解釈される．例として $p=7$（D7ブレーン）の場合を考えよう．D7ブレーンは $(x_0, x_1, x_2, \cdots, x_7)$ 方向に広がっており，ブレーンに垂直方向の (x_8, x_9) の値は固定されている．この2つの方向に対応してスカラー場 ϕ_8, ϕ_9 が存在する．基底状態ではこれらの値は対角化されて

$$\phi_8 = \begin{pmatrix} a_1 & & & \\ & a_2 & & \text{\Large 0} \\ & & \ddots & \\ \text{\Large 0} & & & a_N \end{pmatrix} \tag{1.62}$$

$$\phi_9 = \begin{pmatrix} b_1 & & & \\ & b_2 & & \text{\Large 0} \\ & & \ddots & \\ \text{\Large 0} & & & b_N \end{pmatrix} \tag{1.63}$$

の形を持つ．この時，N 枚のD7ブレーンは (x_8, x_9) 座標が (a_i, b_i), $i=1,2,\cdots,N$, の位置に存在する．固有値 (a_i, b_i) が全て異なると N 枚のブレーンの位置は全て異なり，スカラー場の期待値 $\{\phi_8, \phi_9\}$ は $U(N)$ 対称性を $U(1)^N$ に破る．一方，固有値に縮退があると非可換対称性が生き残る．たとえば $(a_1=a_2=a_3, b_1=b_2=b_3)$ の場合には3枚のブレーンが重なっているので $U(3)$ 対

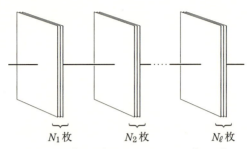

図 1.4 N 枚の平行なブレーンが N_1 枚, N_2 枚, $\cdots$, N_ℓ 枚のグループに分かれた状態.

称性が存在する. 一般には $\{\phi_i\}$ が $N_a\,(a=1,\cdots,\ell)$ 重の縮退した固有値を持つと, $U(N)$ 対称性は $U(N_1) \times U(N_2) \times \cdots \times U(N_\ell)$ $(N_1+N_2+\cdots+N_\ell=N)$ に破れる. これは, (x_8, x_9) 面に $N_a\,(a=1,\cdots,\ell)$ 枚ずつ重なったブレーンが存在する状況に対応する(図 1.4 参照).

■1.8 ALE 空間

弦理論で非可換のゲージ対称性が生成される機構の 1 つは前節で見たように N 枚の D ブレーンが重なる場合であるが, もう 1 つの可能性は D ブレーンが弦理論の内部空間の**消滅サイクル**に巻き付く場合である.

よく知られているように弦理論から 4 次元の理論を引き出すには, 弦理論を 6 次元の内部空間上でコンパクト化する必要がある. 6 次元の内部空間としては**カラビ-ヤウ多様体*** と呼ばれるものを考えるのが普通である. カラビ-ヤウ多様体は複素 3 次

---

* 付録を見よ.

1.8 ALE 空間

元のケーラー多様体で，ゼロを取らない正則な 3 形式 Ω を持つことがその特徴である．カラビ-ヤウ多様体はその中に種々の正則なサイクルや，ラグランジアン部分多様体(Lagrangian subvariety)と呼ばれる中間次元のサイクルを持っており，D ブレーンはこれらのサイクルに巻き付くことができる．

非可換ゲージ対称性が生成されるのは，カラビ-ヤウ多様体が 4 次元の ALE 空間と 2 次元球面の積(一般にはファイブレーション)の形を持つ場合である．この時，IIA 型理論の D2 ブレーンが ALE 空間の消滅サイクルに巻き付くことにより非可換ゲージ対称性が生成される．

ALE 空間は複素 2 次元空間 $\mathbb{C}^2$ を離散群 $\mathbb{Z}_N (N=2,3,\cdots)$ で割った後，原点に生じるオービフォルド特異点を解消してできる空間で，自己双対曲率を持つ計量が存在することが知られている．無限遠で計量が(局所的に)ユークリッド計量に近づくため漸近的にユークリッド的(Asymptotically Locally Euclidean)と呼ばれる．しかし，大域的なトポロジーはユークリッド空間とは異なり無限遠は 3 次元球面 S^3 ではなくレンズ空間 $S^3/\mathbb{Z}_N$ のトポロジーを持っている．

最も簡単な場合である $N=2$ を考えよう．$\mathbb{Z}_2$ の作用は $\mathbb{C}^2$ の点 (z_1, z_2) を $(-z_1, -z_2)$ と同一視する．原点 $(0,0)$ は変換の固定点であり空間 $\mathbb{C}^2/\mathbb{Z}_2$ の特異点となる．これを A_1 型特異点と呼ぶ．

この空間から特異性を取り除くためには A_1 型特異点をふくらませて(ブローアップして)スムーズにしてやる必要がある．ブローアップを行うと原点は 2 次元球面 S^2 に置き換えられる．球面 S^2 の半径 a はブローアップ・パラメータと呼ばれる．一方，S^2 をつぶすと(ブローダウンすると)特異性を持つオービフォル

ド空間に戻る．この時，つぶれる S^2 が典型的な消滅サイクルを与える．$\mathbb{Z}_2$ オービフォルドの特異性を解消した空間には次の計量が入ることが知られている．

$$ds^2 = \left(1-\frac{a^4}{r^4}\right)^{-1} dr^2 + \frac{r^2}{4}\left(1-\frac{a^4}{r^4}\right)\sigma_z^2 + \frac{r^2}{4}(\sigma_x^2 + \sigma_y^2) \quad (1.64)$$

ここで不変1形式 σ_i ($i=1,2,3$) は S^3 のオイラー角を用いて

$$\sigma_x = \sin\psi d\theta - \sin\theta\cos\psi d\phi$$
$$\sigma_y = -\cos\psi d\theta - \sin\theta\sin\psi d\phi$$
$$\sigma_z = d\psi + \cos\theta d\phi$$

と表わされる ($0\leq\phi\leq 2\pi$, $0\leq\theta\leq\pi$, $0\leq\psi\leq 4\pi$)．動径方向のパラメータ r は領域 $a\leq r\leq\infty$ を動く．

この計量は $r\to\infty$ で4次元の平坦な計量に近づく．一方 $r\approx a$ の近傍では $R=\sqrt{a(r-a)}$ と変数変換すると

$$ds^2 \approx dR^2 + R^2 d\psi^2 + \frac{a^2}{4}(d\theta^2 + \sin^2\theta d\phi^2) \quad (1.65)$$

となる．第3項はブローアップして得られた半径 a の2次元球面を表わし，第1項と第2項は平坦な2次元平面 $\mathbb{R}^2$ の計量を表わす．方位角は領域 $0\leq\psi\leq 2\pi$ を動く．ψ は S^3 上では $0\leq\psi\leq 4\pi$ の領域を動いていたのでここでは領域が半分に減っており，上の空間が $\mathbb{Z}_2$ で割って得られたことを示している．この計量の形からこの空間は $T^*(S^2)$ のトポロジーを持つことがわかる．ここで $T^*(S^2)$ は S^2 の余接バンドルである．

IIA型弦理論には3形式 C_3 が存在する．C_3 を2サイクル S^2 上で積分すると1形式，すなわちゲージ場が得られる．この場を A^3 と記そう．これはカルツァ-クライン型の $U(1)$ ゲージ場である．一方，IIA型理論にはD2ブレーンが存在する．D2ブ

レーンがサイクル S^2 に巻き付くと，質量が (D2 の張力)×(S^2 の面積) に比例する粒子が作られる．この粒子はスピン 1 のベクトル粒子であるが，サイクル S^2 が消滅する時 ($a\to 0$) その質量がゼロになる．この粒子を A^+ と記そう．同様にして向きが逆の D2 ブレーンが消滅サイクルに巻き付くと A^+ の反粒子 A^- が得られる．$A^\pm$ はサイクルがつぶれる極限でゼロ質量となり，A^3 とあわせて $SU(2)$ のヤン-ミルズ場に転化する．すなわち，消滅サイクルはゲージ対称性を $U(1)$ から $SU(2)$ に拡張させる．このようにして A_1 型特異点は $SU(2)$ ゲージ対称性を生成することがわかる．

上の計量 (1.64) は江口とハンソン (A. Hanson) が導いたものであるが，ギボンズ (G. Gibbons) とホーキングはこれを $\mathbb{Z}_N$ ($N=3, 4, \cdots$) の場合に拡張した．これらの計量を持つ空間は A_{N-1} 型の ALE 空間と呼ばれる．A_{N-1} 型の ALE 空間は $N-1$ 個の消滅サイクルを持ち，D ブレーンが巻き付くことにより $SU(N)$ 対称性が生成される．

$$A_{N-1} \text{型特異点} \iff SU(N) \text{ゲージ対称性} \qquad (1.66)$$

ギボンズとホーキングの計量は

$$ds^2 = V(\vec{x})d\vec{x}\cdot d\vec{x} + V(\vec{x})^{-1}(d\tau + \vec{A}\cdot d\vec{x})^2 \qquad (1.67)$$

$$\vec{\nabla}V = \text{rot}\,\vec{A}, \quad V(\vec{x}) = \sum_{i=1}^{N}\frac{1}{|\vec{x}-\vec{x}_i|}$$

で与えられる．$N=1$ の時，この計量は実は平坦なユークリッド空間を表わし，$N=2$ の時には適当な座標変換の下で江口・ハンソン計量 (1.65) に一致することが知られている．くわしくは [2] 参照．

2
タキオン凝縮

　Dブレーンはその名が示すように弦のワールドシート上の理論における境界条件として導入されたものであるが，それ自身固有のエネルギー密度と電荷を持ち，湾曲したり振動したりすることのできるダイナミカルな物理的実体である．このようなブレーンの変形がブレーン上の開弦のモードによって記述されることは早くから知られていたが，センはこのような「微小な」変形にとどまらず，ブレーン自身が生成，消滅するような，より劇的な過程までも弦理論によって記述できることを明らかにした．

　さらにブレーン上のゲージ場の配位によっては，ブレーンの消滅の後に，より次元の低いブレーンが残る場合がある．この事実は高次元のブレーン（超弦理論の場合にはD9ブレーン）から出発することで任意の次元のブレーンを構成できることを意味しており，「あらゆる種類の物理的実体を1つのものから構成する」という弦理論の1つの目標に迫る上で重要な性質である．

　以下ではタキオン凝縮とブレーンの対消滅の関係と，低次元ブレーンをソリトンとして構成する方法について，最も簡単な例にそって説明する．

2.1 ブレーン上のタキオン場

$(x^0, x^1, \cdots, x^p)$ 方向に広がった N_1 枚の Dp ブレーンと N_2 枚の $\overline{\mathrm{D}p}$ ブレーンが存在する場合を考えてみよう.ただし $\overline{\mathrm{D}p}$ ブレーンとは,ある Dp ブレーンに対して向きが逆の Dp ブレーンのことをさす.N_1 枚のブレーンを添字 a, b で,N_2 枚の反ブレーンを $\bar{a}, \bar{b}$ でラベルすることにする.N_1+N_2 枚のブレーンをまとめてラベルする場合には添字 A, B を用いることにする.光錐ゲージでのブレーン上の開弦の状態は,真空状態 $|0\rangle_{AB}$ にワールドシート上の場の生成演算子 X^I_{-m} および ψ^I_{-m} を作用させることによって得られるフォック(Fock)空間に対して**GSO射影**＊を行うことによって得られる.ただし,添字 A と B は弦の両端がくっついている D ブレーンを表わす.また,m はモード展開の添字であり,$I=2,\cdots,9$ は時空の座標の添字である.以下では時空のフェルミオン場は無視することにして,NS セクター,すなわちワールドシート上のフェルミオンの振動子が半奇数でラベルされるセクターだけを考えよう.

ブレーン A とブレーン B が同じ向きを向いている場合,すなわち $(A, B)=(a, b)$ または $(\bar{a}, \bar{b})$ の場合には GSO 射影はフェルミオンの生成演算子を奇数個含む状態だけを物理的な状態として残す.エネルギーの最も低い物理的状態は $\psi^I_{-1/2}|0\rangle_{ab}$ と $\psi^I_{-1/2}|0\rangle_{\bar{a}\bar{b}}$ であり,表 2.1 の上半分に与えられているようにブレーン上のゲージ場とスカラー場を与える.スカラー場 $\phi^{(1)}$ と $\phi^{(2)}$ はブレーンの振動モードを表わしており,ブレーンの形状

＊ 付録を見よ.

表 2.1　開弦から現われるブレーン上の場

弦の状態	ブレーン上の場	
$\psi^\mu_{-1/2}\|0\rangle_{ab}$	$(A^{(1)}_\mu)^a{}_b$	$U(N_1)$ ヤン-ミルズ場
$\psi^i_{-1/2}\|0\rangle_{ab}$	$(\phi^{(1)}_i)^a{}_b$	スカラー場
$\psi^\mu_{-1/2}\|0\rangle_{\bar{a}\bar{b}}$	$(A^{(2)}_\mu)^{\bar{a}}{}_{\bar{b}}$	$U(N_2)$ ヤン-ミルズ場
$\psi^i_{-1/2}\|0\rangle_{\bar{a}\bar{b}}$	$(\phi^{(2)}_i)^{\bar{a}}{}_{\bar{b}}$	スカラー場
$\|0\rangle_{a\bar{b}}$	$T^a{}_{\bar{b}}$	タキオン場
$\|0\rangle_{\bar{a}b}$	$\overline{T}^{\bar{a}}{}_b$	タキオン場

添字 $\mu=2,\cdots,p$ はブレーンに平行な方向を, $i=p+1,\cdots,9$ はブレーンに垂直な方向を表わす. これら以外に無限個の有質量モードやフェルミオンが存在する.

を決定する役割を果たす. ゲージ場 $A^{(1)}_\mu$ と $A^{(2)}_\mu$ の存在はここで考えている N_1+N_2 枚のブレーンの上に実現される理論のゲージ対称性が $U(N_1)\times U(N_2)$ であることを示している.

弦の両端が乗っているブレーンの向きが逆の場合, すなわち $(A,B)=(a,\bar{b})$ または $(\bar{a},b)$ の場合には, GSO 射影が平行な D ブレーン間に張った開弦の場合とは逆になり, フェルミオンの生成演算子を偶数個含むような状態だけが許される*. 最低エネルギー状態を見てみると, 表2.1の下半分にあるように, ゲージ群の双基本表現に属するスカラー場が得られる. これらの場の2乗質量は負の値 $m^2=-1/(2\alpha')$ を取り, これらのスカラー場がタキオンであることを示している. 互いに向きが逆の開弦から現われる T と $\overline{T}$ は互いにエルミート共役になっており, $\overline{T}=T^\dagger$ である. タキオン場の存在は, 理論が「病的」であったり, 矛盾が存在していたりすることを表わしているわけではない. 実

＊ このことを確かめる1つの方法は, 平行な2枚のDブレーンから出発し, 片方のブレーンの向きを断熱的に変化させたときにスペクトルがどのように変化するかを見ることである. 開弦の固有モードの振動数は両端のブレーンの角度に依存しており, 片方のブレーンの向きを逆転させることで GSO パリティの異なるモードが実際に入れ替わることを見ることができる.

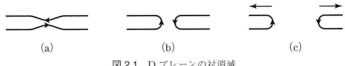

(a) (b) (c)

図 2.1 D ブレーンの対消滅

際,標準模型におけるヒッグス場もそのポテンシャルの 2 次の項の係数は負であり,1 種のタキオン場とみなすことができる.ヒッグス場との類推からも期待されるように,$Dp\overline{Dp}$ 系の $T=0$ における真空は不安定であり,タキオン場の凝縮によってポテンシャルの値が最も小さくなるような別の安定な真空へ移るはずである.

これとは全く別の観点からも $Dp\overline{Dp}$ 系には不安定性があることがわかる.以下では Dp ブレーンと $\overline{Dp}$ ブレーンがともに 1 枚の場合だけを考えることにしよう.この 2 枚のブレーンがある点で接すると,図 2.1 の(a)から(b)のように組み換えを起こすことができる*.そしていったん組み換えが起こると,(c)のようにブレーンの張力によって切れ目が広がり,最終的にはブレーンは消滅する.

1998 年,センはこの 2 つの不安定性,すなわち D ブレーン上のタキオンの存在による不安定性と D ブレーンと反 D ブレーンが対消滅する不安定性が,実は同じ現象を表わしていることに気づいた.すなわち,$T=0$ の状態はブレーンと反 D ブレーンが存在している準安定な状態を表わしており,タキオン場が凝縮しその期待値がポテンシャルの最小値を与えるような値を取った状態は,ブレーンと反ブレーンが対消滅して消え去った状態

---

* 基本的弦にはこのような組み換えの相互作用が存在するので,S デュアリティや T デュアリティを通して基本的弦と関係している D ブレーンにも同様の相互作用があると考えるのが自然である.

を表わしているのである．タキオン凝縮によってポテンシャルが与えるエネルギーは減少するが，これは消え去ったブレーンと反ブレーンのエネルギーを表わしており，次の式が成り立つと期待される．

$$V(0) - V(T_{\min}) = 2T_{Dp} \qquad (2.1)$$

タキオン場が期待値を持っているような状況は質量殻上の状態として表わすことができないので，(2.1)を確かめるためには弦の場の理論を用いる必要がある．ここではくわしく触れることはできないが，数値的な解析によると，誤差 0.1% 未満という精度で(2.1)が成り立つことが確かめられている．

■2.2 ソリトン解

タキオン場の凝縮について，ブレーン上の有効的場の理論の立場からもう少しくわしく見てみよう．先ほどに引き続きブレーンと反ブレーンが1枚ずつの場合を考える．この場合にはブレーン上の場は2つの $U(1)$ ゲージ場と1つの複素タキオン場を含んでいる．ゲージ不変性より，タキオンのポテンシャルは T の絶対値にのみ依存する．T はゲージ場 $A_\mu^{(1)}$ に対して $+1$，$A_\mu^{(2)}$ に対して -1 の電荷を持っているので，2つのゲージ場は $A_\mu^{(1)} - A_\mu^{(2)}$ の組み合わせでのみタキオン場と結合する．そこで $A_\mu \equiv A_\mu^{(1)} - A_\mu^{(2)}$ を定義しておこう．もう1つの独立な組み合わせ $A_\mu^{(1)} + A_\mu^{(2)}$ は他の場とは結合しない自由場なので，ここでは無視することにする．そうするとこの理論は可換ヒッグス(Abelian Higgs)モデルとしてよく知られた形に帰着する．

図 2.2　タキオンポテンシャル

$$\mathcal{L} = -\frac{1}{4}F_{\mu\nu}F^{\mu\nu} - \frac{1}{2}D_\mu T D^\mu \overline{T} - V(T) \qquad (2.2)$$

ただしタキオンの共変微分は $D_\mu T = \partial_\mu T - iA_\mu T$ と与えられる．ポテンシャル $V(T)$ の正確な形を知るためには弦の場の理論を用いた解析が必要であるが，ここでは大まかな形が図 2.2 のようなワインボトル型であることを仮定し，$|T|=T_{\min}$ で $V(T)=0$ の安定な真空になるものとする．

この理論には 2 つの自明な古典解 $T=0$ と $|T|=T_{\min}$ が存在する．前者は不安定な解であり，ブレーンと反ブレーンが存在している状況を表わしている．後者はブレーンが対消滅して消え去ったあとの安定な真空を表わしている．

これら一様な古典解以外に，(2.2) のモデルはボーテックス (vortex) 解と呼ばれる安定なソリトン解が存在することが知られている．ボーテックス解とは，場の値が空間座標のうちの 2 つ (ここでは (x,y) とする) にのみ依存し，xy 平面上で積分したエネルギー密度が有限であるような解のことをさす．エネルギー密度に対する条件のために，xy 平面の十分遠方ではタキオン場は十分早く真空での値に近づく必要がある．言い換えると xy 平面の十分遠方では $V(T)=0$ および $D_\mu T=0$ が成り立っている必要がある．xy 平面上の十分大きな半径 R のサイクル C を考えると，そのサイクル上ではタキオン場は $|T|=T_{\min}$ を満足する S^1 上に値を取る．したがってボーテックス解は位相的には C 上を 1 周する時にモジュライ空間を何周するかを表わす

「ボーテックス数」によって区別することができる．

　ボーテックス数が 0 ではないような古典解は C の内部に必ずゼロ点を持ち，その近傍ではエネルギー密度が 0 ではない．そのような領域の大きさはポテンシャルの形に依存するのでここでは厳密に決定することはできないが，あるスケールより離れればエネルギー密度は指数関数的に減少する．したがってこれは空間方向に $p-2$ 次元ぶん広がったブレーン状のソリトン解を表わしている．II 型弦理論にはまさにそのようなブレーンとして D$(p-2)$ ブレーンが存在しているので，Dp ブレーン上のボーテックスを D$(p-2)$ ブレーンと同定するのが自然である．実際，以下のようにしてボーテックスが D$(p-2)$ ブレーンと同じ RR 電荷を持つことが示される．

　先ほどと同様に，閉曲線 C を定義し，その上で定義されたボーテックス数を n としよう．これは次のように表わすことができる．

$$n = \frac{1}{2\pi i} \oint_C \frac{dT}{T} \qquad (2.3)$$

さらに，遠方でエネルギー密度が十分早く落ちるために $DT = dT - iAT = 0$ が成り立っていなければならない．この関係式とストークスの定理を用いることで (2.3) は次のように C を境界とする円盤 D 上の積分に書き換えることができる．

$$n = \frac{1}{2\pi} \oint_C A = \frac{1}{2\pi} \int_D F \qquad (2.4)$$

この式は Dp ブレーン上にボーテックスの本数と同じ本数のフラックスが通っていることを表わしている．もしボーテックスの太さが無視できるようなスケールでの物理を見ているとすれば，xy 平面上でのフラックスを次のように δ 関数で置き換える

ことができる．

$$F = \sum_{i=1}^{n} 2\pi\delta(x-x_i)\delta(y-y_i)dx \wedge dy \qquad (2.5)$$

ただし (x_i, y_i) はボーテックスの位置を表わす．これを Dp ブレーン作用に含まれる**チャーン-サイモンズ**(**Chern-Simons**)**項**の中の F を1つ含む項に代入してみると，

$$S = \int_{\mathrm{D}p} F \wedge C_{p-1} = \sum \int_{\mathrm{vortex}} C_{p-1} \qquad (2.6)$$

となる．最後の和はボーテックスについて取る．この式はボーテックスが確かに D$(p-2)$ ブレーンと同様に C_{p-1} と結合する RR 電荷を持っていること示している．

ここでは最も簡単な例として D$p\overline{\mathrm{D}p}$ 系からボーテックス解として D$(p-2)$ ブレーンを構成する方法を与えたが，これをさらに一般化し，より次元の低い D ブレーンもブレーン上のゲージ場の配位を適当に選ぶことで構成することができる．このことは，任意の D ブレーンを高次元ブレーン上のゲージ場の配位を用いて位相的に捕らえることができることを意味している．すなわち，E を N_1 枚の D ブレーン上の $U(N)$ ゲージ場に対応する N_1 次元ベクトル束，F を N_2 枚の反 D ブレーンに対応する N_2 次元ベクトル束とすれば，任意の D ブレーンをこれらの対 (E, F) と対応させることができ，弦理論にどのような D ブレーンが含まれるかという問題がこのようなベクトル束の対を分類するという数学的な問題に帰着する．ここで重要なのは，ブレーンの対生成と対消滅を通してベクトル束の次元がダイナミカルに変化し得るという点である．この事実は，ベクトル束の対に関する次の同値関係として表わすことができる．

$$(E, F) \sim (E \oplus H, F \oplus H) \qquad (2.7)$$

ただし H は任意のベクトル束である．この同一視のもと，ベクトル束の対 (E, F) の集合は **K 群**と呼ばれる群をなすことが知られている．ここではこれ以上くわしく説明できないが，K 群を用いた D ブレーンの位相的性質の研究は現在も続けられている．

3
ゲージ/重力対応

　1994年から95年にかけて，弦理論におけるDブレーンの重要性や11次元超重力理論が弦理論において果たす役割が認識されるようになってまもなく，ゲージ理論の非摂動論的な性質の解析においてもブレーンは非常に有用であることが明らかとなった．そしてサイバーグ-ウィッテンによる超対称ゲージ理論の厳密解が，Dブレーン(たとえばD7ブレーン背景中のD3ブレーンを用いる方法)やMブレーン(MQCDと呼ばれる構成法)を用いることによって幾何学的に再現できることが明らかとなった．これらのブレーン構成法においては，ゲージ場が乗っているブレーンは背景時空には影響を与えないプローブ的なものとして扱われる．

　これに対して，1997年末，マルダセーナ(J. Maldacena)はゲージ群が非常に大きい場合，すなわちゲージ場が乗っているブレーンの枚数が非常に大きい場合には，そのブレーンのエネルギーによって曲げられた背景時空，すなわちそのブレーンの古典解上の超重力理論が，ゲージ理論の性質と密接に関係していることを発見した．特に，ブレーン上の理論が共形場の理論(CFT)である場合には対応するブレーン古典解は反ド・ジッ

ター(AdS)空間と何らかのコンパクト内部空間の直積になることが知られており,これらの間の対応は **AdS/CFT** 対応と呼ばれている.そして今日ではこの対応は共形不変性を持たない場の理論にまで拡張され,ゲージ/重力対応とも呼ばれている.

以下では,はじめにマルダセーナによって提案された,最も簡単なゲージ/重力対応の例である4次元 $\mathcal{N}=4$ 共形不変ゲージ理論と D3 ブレーン古典解の間の関係を簡単に見た後,最近盛んに研究されている共形対称性を持たない,$\mathcal{N}=1$ ゲージ理論と**クレバノフ-ストラスラー**(Klebanov-Strassler)**解**と呼ばれる超重力理論の古典解間の関係について解説する.

■3.1 Near horizon 極限

互いに双対なゲージ理論と重力の古典解の対を見出すために一般的に行われることは以下の通りである.まず D ブレーンの配位を決め,その上の開弦を量子化する.これにより,あるゲージ理論が得られる.この時,ゲージ群のサイズ N はブレーンの枚数によって決まる.次に,これらのブレーンを表わす重力の古典解を決定する.具体的には,遠方から見たときにブレーンと同じ電荷を持つような超重力理論の運動方程式の解を求める.

N 枚の p ブレーンのエネルギー密度は $T_{\text{brane}} \sim N/(g_s \ell_s^{p+1})$ に比例する.ただし,ℓ_s は基本ストリングの張力 T から $T=1/(2\pi\ell_s^2)$ によって定義される長さである.このエネルギーのために,古典解は重力ポテンシャルの井戸を作り,その中にトラップされたモードが現われる.これらのモードはブレーン上の場と解釈される.弦の長さのスケール ℓ_s を 0 に持っていくある極限においてはこれらのモードとポテンシャル井戸の外部の場との相互

作用をなくすことができ，このような状況においてブレーン上で実現されるゲージ理論と古典解の間の等価関係が成り立っていると期待される．

上記の $\ell_s \to 0$ の極限についてもう少しくわしく見てみよう．弦理論における重力定数が $\kappa^2 \sim g_s^2 \ell_s^8$ であることから，古典解の典型的なスケールは $\kappa^2 T_{\text{brane}} \sim N g_s \ell_s^{7-p}$ 程度である．したがって古典解の大きさのスケール r_0 は $r_0 \sim \ell_s (N g_s)^{1/(7-p)}$ 程度である．一方，ブレーン上のゲージ理論において，ブレーンの振動モードに対応するスカラー場を ϕ としよう（一般には複数個あるが，ここではそのうちの1つに注目する）． ϕ の値はブレーンに垂直な方向の座標 X に対応する．スカラー場はエネルギーの次元を持っているから，大雑把に言えばブレーンに垂直な方向の原点からの距離をエネルギースケールと対応させることができる．ただし，質量次元が 1 のスカラー場 ϕ と -1 の座標 X の間で次元をあわせるためには基本ストリングの張力 T を用いて $X \sim \phi/T$ のように対応させる必要がある．より抽象的には，古典解の動径座標 r と場の理論のエネルギースケール Λ との関係を次のように書くことができる．

$$r \sim \ell_s^2 \Lambda \tag{3.1}$$

（ただし，r 座標は r 方向に張った微小長さの弦のエネルギーが $dE = T dr$ によって与えられるように定義されているものとする．）この右辺は $\ell_s \to 0$ の極限において ℓ_s^2 のように振る舞うため $r \ll r_0$ となる．したがって，$\ell_s \to 0$ の極限は別の見方をすれば古典解中心部の地平面(horizon)からの距離 r が古典解の典型的スケール r_0 に対して非常に小さいとする極限を取ることに対応しており，near horizon 極限とも呼ばれる．

■3.2 ゲージ理論における粒子と古典解上の弦の対応

互いに双対なゲージ理論と古典解の組が与えられると,双対性を利用してゲージ理論側での非摂動論的な性質を調べることができる.

たとえば,ゲージ理論におけるグルーボール,すなわちクォークを含まないグルーオンのみからなる束縛状態は,重力場やそれ以外の超重力理論に含まれるさまざまな場や,より一般には古典解背景上の閉弦の励起状態のモードに対応すると考えられる.

これに対して,基本表現に属するクォークを含む状態を構成するためには,古典解に置き換えたブレーン(このブレーンはゲージ対称性,すなわちカラーを担っているのでカラーブレーンとも呼ばれる)とは別種のブレーンを古典解上に導入する必要がある.このようなブレーンが古典解上に存在していると,そこに端を持つ開弦を考えることができる.ここで新たに導入するブレーンは QCD のフレーバーに相当する量子数を担うので,フレーバーブレーンと呼ばれる.それぞれの弦のブレーン上の端点は弦の向きによってクォークまたは反クォークとみなすことができるから,両端をフレーバーブレーン上に持つ開弦はクォークと反クォークの束縛状態,すなわちメソンと同定される(図 3.1).

$SU(N_c)$ ゲージ理論においてバリオンを構成するには,同じ向きの弦を N_c 本つなぐ必要がある.通常このような枝分かれを持つ弦は弦の電荷の保存則に反するために禁止されるのであるが,ブレーンの古典解のように非自明なサイクルをもち,そのサイクルにゼロでないフラックスが通っている場合には,そ

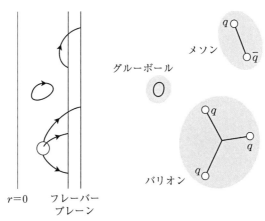

図 3.1 古典解上の弦と，場の理論における粒子の対応

こにブレーンを巻き付けたものを用いて同じ向きの N_c 本の弦をつなぐことが可能であることが知られている．

■3.3　4 次元超対称ゲージ理論

4 次元の超対称性には超対称電荷の個数 $\mathcal{N}$ で区別されるいくつかの種類がある．ここでは $\mathcal{N}=1, 2, 4$ の超対称性を持つ場の理論の性質について簡単にまとめておこう．

………… $\mathcal{N}=1$ 超対称ゲージ理論

まず，$\mathcal{N}=1$ の場合について見てみる．$\mathcal{N}=1$ の理論に含まれる場はスピンが $1/2$ だけ異なるボソンとフェルミオンが組になって超対称多重項をなしている．これには 2 つの種類があり，複素スカラー場 ϕ^i（スピン 0）とフェルミオン場（スピン $1/2$），複素の補助場 F^i（スピン 0）からなるカイラル多重項と，ベクトル場 A_μ^a（スピン 1）とフェルミオン場（スピン $1/2$），実の補助場

D^a(スピン0)からなるベクトル多重項が存在する．補助場 F^i と D^a は物理的自由度を持たず，運動方程式によって消去することができる．

同じ多重項に属する粒子の相互作用は独立ではなく，超対称性によって互いに関係している．たとえば同じ多重項に属するボソンとフェルミオンの質量は超対称性が自発的に破れない限り一致する．このボソンとフェルミオンの間の縮退により，量子補正のうち一部(たとえばスカラー場の質量に対する2次発散項)は相殺して0になる．

カイラル多重項に対するラグランジアンは通常 K と W という文字で表わされる2つの関数を与えると決まることが知られている．K はスカラー場 ϕ^i とその複素共役 $\overline{\phi}^i$ の実関数であり，ケーラーポテンシャルと呼ばれ，運動項を記述する．一方，W はスカラー場 ϕ^i の正則関数でスーパーポテンシャル(superpotential)と呼ばれ，微分を含まない相互作用項を決定する．

補助場 F_i と D^a は運動方程式を解くことによって次のように決まる．

$$F_i = \frac{\partial W}{\partial \phi^i}, \quad D^a = \sum_i q_i^a |\phi^i|^2 \qquad (3.2)$$

ただし，q_i^a はゲージ場 A_μ^a (ここではゲージ群を $U(1)^n$ と仮定した)に対する場 ϕ^i の電荷を表わす．ポテンシャルはこれらの補助場を用いて次のように表わされる．

$$V \sim \sum_a (D^a)^2 + \sum_i |F_i|^2 \qquad (3.3)$$

このポテンシャルは常に $V \geq 0$ であり，超対称性が破れていない場合には真空の条件を $D^a = F_i = 0$ という形に書くことができる．

ベクトル多重項のラグランジアンは，ゲージ結合定数 g_{YM} と θ 角を与えることで決定されるが，超対称ゲージ理論においてはこれらを組み合わせた $\tau=\theta/(2\pi)+4\pi i/g_{\text{YM}}^2$ という複素パラメータを用いるのが便利である．

············$\mathcal{N}=2$ 超対称ゲージ理論

$\mathcal{N}=2$ の理論は $\mathcal{N}=1$ の理論にもう 1 つの超対称電荷を加えることによって得ることができるが，この新たな対称性のおかげで $\mathcal{N}=1$ の多重項は 2 つずつ組になり $\mathcal{N}=2$ 超対称性の多重項をつくる．$\mathcal{N}=1$ カイラル多重項を 2 つ組み合わせることによってできる $\mathcal{N}=2$ の超対称多重項はハイパー多重項と呼ばれ，複素スカラー場 2 つとフェルミオン場を 2 つ含む．$\mathcal{N}=1$ カイラル多重項と $\mathcal{N}=1$ ベクトル多重項を組み合わせると，ベクトル場を 1 つ，複素スカラー場を 1 つ，フェルミオン場を 2 つ含む $\mathcal{N}=2$ の多重項が得られるが，これは $\mathcal{N}=1$ の時と同様にベクトル多重項と呼ばれる．

$\mathcal{N}=2$ の超対称性はラグランジアンの形に対してきつい条件を課す．たとえば，ベクトル多重項 $\{A_\mu^a, \lambda_1^a, \lambda_2^a, \phi^a\}$ のラグランジアンはプレポテンシャルと呼ばれる正則関数 $\mathcal{F}(\phi^a)$ によって記述される．プレポテンシャルはその正則性と摂動論的な計算から得られる漸近的振る舞いを調べることでその関数形が完全に決定される．その解はサイバーグ-ウィッテン解と呼ばれ，4 次元の非自明なゲージ理論の低エネルギーでの振る舞いが非摂動論的な効果まで含めて解けた最初の例である．

············$\mathcal{N}=4$ 超対称ゲージ理論

$\mathcal{N}=4$ の理論にはベクトル多重項と呼ばれる 1 種類の超対称

多重項のみがある．これはベクトル場を1つ，フェルミオン場を4つ，実スカラー場を6つ含む．この理論には摂動論的な量子補正がなく，結合定数 $\tau=\theta/(2\pi)+4\pi i/g_{\mathrm{YM}}^2$ はくりこみを受けない理論のパラメータである．$\mathcal{N}=4, SU(N)$ ゲージ理論には τ を $-1/\tau$ にする双対性(モントーネン-オリーブ双対性)があり，IIB型弦理論のSデュアリティと密接に関係している．この理論は大域的対称性として4つの超対称電荷を互いに混ぜ合わせる $SU(4)\sim SO(6)$ のR対称性を持っている．この対称性のもとで，ゲージ場，フェルミオン場，スカラー場はそれぞれ **1**, **4**, **6** の表現に属している．

■3.4 D3ブレーン古典解の構成

ブレーンを用いて最も簡単に実現できる4次元ゲージ理論は，IIB型超弦理論において平坦な10次元時空上に配置された平行な N 枚のD3ブレーン上の理論として実現される $\mathcal{N}=4, U(N)$ ゲージ理論である．この理論には $U(N)$ ゲージ場 A_μ のほかにゲージーノ λ_I ($I=1,2,3,4$) とスカラー場 ϕ_i ($i=1,2,3,4,5,6$) が含まれる．どれも $U(N)$ ゲージ群の随伴表現に属している．ゲージ理論における結合定数 g_{YM} は弦理論における結合定数 $g_s=e^\phi$ と次のように関係している．

$$g_{\mathrm{YM}}^2 = 4\pi g_s \qquad (3.4)$$

ここで，ゲージ群 N が非常に大きいと仮定し，D3ブレーンを古典解として表わそう．

まず，IIB型超重力理論の反対称テンソル場について，ビアンキ恒等式と運動方程式を与えておく．ここでは $2\pi\ell_s=2\pi\alpha'^{1/2}$

を 1 とするような長さの単位を用いることにする．古典解を求める際にはフェルミオン場は 0 と置くので，ここでは無視する．ポテンシャル C_{2n} および B_2 に対する場の強さを G_{2n+1} および H_3 とする．これらの場の強さに双対な場を次のように定義しておくのが便利である．

$$G_9 = -*G_1, \quad G_7 = *G_3, \quad G_5 = *G_5 \qquad (3.5)$$

$*$ は 10 次元におけるホッジ(Hodge)双対を表わす．G_5 に対する式は，自己双対条件である．これらを用いると，RR 場の運動方程式とビアンキ恒等式はひとまとめに次のように与えることができる．

$$dG_{2n+1} = H_3 \wedge G_{2n-1} \qquad (3.6)$$

$n=0$ の時は右辺は 0 である．$n=0, 1, 2$ に対しては場の強さ G_1, G_3, G_5 を次のようにおけば自動的に満足される．

$$G_1 = dC_0, \quad G_3 = dC_2 - C_0 H_3$$
$$G_5 = dC_4 - C_2 \wedge H_3 \qquad (3.7)$$

G_3 と G_5 については dC_{2n} という項だけではなく，場について 2 次の項が現われているが，これは後で重要な役割を果たす．

NS-NS 反対称テンソル場はビアンキ恒等式 $H_3=0$ を満足し，ポテンシャルを用いて $H_3=dB_2$ と与えられ，運動方程式は

$$d(e^{-2\phi} *H_3) = -G_3 \wedge G_5 + G_1 \wedge G_7 \qquad (3.8)$$

である．

ディラトン場および重力場の運動方程式は以下の通りである．

$$4\nabla^2\phi - 4(\partial_M\phi)^2 = \frac{1}{12}H_3^2 - \frac{e^{2\phi}}{12}G_3^2 \qquad (3.9)$$

$$R_{MN} - \frac{1}{2}g_{MN}R = \frac{e^{2\phi}}{2}T_{MN} \qquad (3.10)$$

具体形は与えないが T_{MN} はディラトン場および反対称テンソル場などのエネルギー運動量テンソルである.

D3ブレーン解はこれらの運動方程式の解として与えられる. D3ブレーンに平行な方向のポアンカレ対称性とブレーンに垂直な方向の $SO(6)$ 回転対称性を仮定すると, 計量は次のようにおくことができる.

$$ds^2 = f^2(r)\eta_{\mu\nu}dx^\mu dx^\nu + g^2(r)(dr^2 + r^2 d\Omega_5^2) \qquad (3.11)$$

$x^\mu = (x^0, x^1, x^2, x^3)$ はブレーンに平行な方向の座標であり, $\eta_{\mu\nu} = \mathrm{diag}(-1, +1, \cdots, +1)$ は平坦な4次元時空の計量である. ブレーンに垂直な6次元方向については極座標を用いた. D3ブレーンはRR4形式場 C_4 と結合しており, 対応する場の強さ G_5 をD3ブレーンを囲む S^5 上で積分するとD3ブレーン電荷, すなわちD3ブレーンの枚数 N を与えるはずである. したがって次のようにおくことができる.

$$G_5 = N(\omega_5 + *\omega_5) \qquad (3.12)$$

ω_5 は S^5 の volume form であり, S^5 上の積分によって1を与えるものとする. G_5 以外の反対称テンソル場は運動方程式と矛盾することなく0におくことができる.

ディラトン場は, ここで考えているように $H_3 = G_3 = 0$ である場合には運動方程式(3.9)に矛盾することなく定数とすることができるので, ここではそう仮定する. ディラトン場の真空期待

3.4 D3ブレーン古典解の構成

値は弦の相互作用の強さを決定し,しばしば $g_s=e^\phi$ と表わされることは以前に述べたとおりである.

微分方程式を解く際に現われる積分定数を決定するための境界条件として次のものを採用しよう.

$$\lim_{r\to\infty} f(r) = \lim_{r\to\infty} g(r) = 1 \qquad (3.13)$$

この境界条件は D3 ブレーンから十分はなれたところでは計量が平坦になることを意味している.

あとは関数 $f(r)$, $g(r)$ を与えれば古典解が完全に決定される. これらの関数を決定するには(3.11)と(3.12)をまだ用いていない重力場についての運動方程式(3.10)に代入し,得られた微分方程式を境界条件(3.13)のもとで解けばよい. しかし,この操作によって得られるのは 2 階の偏微分方程式であり,解くのは面倒である.

そこで,ここでは D3 ブレーンが BPS 状態であることを用いて解を簡単に見つける方法を紹介する. 超重力理論の古典解が BPS 状態であるということは,超対称変換のゲージ場であるグラビティーノ ψ_M^I とディラティーノ λ^I を 0 に保つ「大域的な」超対称変換が存在することを意味する. ディラトンが定数,計量と G_5 以外のテンソル場が 0 である場合,グラビティーノ ψ_M^I の超対称変換は次のように与えられる.

$$\delta\psi_M^I = D_M\xi + \frac{ie^\phi}{16}\displaystyle{\not}G_5(\sigma_y)^I{}_J\gamma_M\xi^J \qquad (3.14)$$

ただし,n 階反対称テンソル場 $A_{M_1M_2\cdots M_n}$ に対して,添字を γ 行列の反対称積と縮約し,$n!$ で割ったものを $\displaystyle{\not}A_n$ と表わす. ここで考えているような背景上ではディラティーノ λ^I の超対称変換は自動的に 0 である.

D3ブレーンから十分離れると時空(3.11)は平坦になり, (3.14)を満足するスピノルは遠方では定数スピノルに漸近するはずである. そのようなスピノルは, 回転対称性から r 依存性を除き一意的に定まる.

$$\xi = s(r)\xi_0 \qquad (3.15)$$

$s(r)$ は半径座標 r のみの関数であり, 遠方で 1 になるものとする. (3.11)と(3.15)を(3.14)に代入すると, $\psi_i=\psi_a=\psi_r=0$ ($i=0,1,2,3$ はブレーンに平行な方向, $a=5,6,7,8,9$ はブレーンを囲む S^5 の方向, r は半径方向)から次の式を得る.

$$-4\frac{f'}{f}\xi_0^I = 4\frac{g'}{g}\xi_0^I = -8\frac{s'}{s}\xi_0^I = \frac{ige^\phi}{2}(\sigma_y)^I{}_J \Gamma_5 \gamma_{\hat{r}} \xi_0^J \qquad (3.16)$$

ただし $f'=df/dr$ であり, ハット(^)付きの添字は局所ローレンツ系の添字を表わす. ある 0 でない ξ_0^I を取った時に(3.16)が満足されるように関数 $f(r)$, $g(r)$, $s(r)$ を決める必要がある. まずはじめの 3 つが等しいことから f, g, s がある 1 つの関数 $H(r)$ を用いて次のように書ける.

$$f = H^{-\frac{1}{4}}, \quad g = H^{\frac{1}{4}}, \quad s = H^{-\frac{1}{8}} \qquad (3.17)$$

H の関数形と ξ_0^I が満足すべき条件を決定するには, (3.17)を(3.16)に代入すればよい. その結果, スピノル ξ_0 に対する条件

$$-i\sigma_y \Gamma^{\hat{5}\hat{6}\hat{7}\hat{8}\hat{9}\hat{r}}\xi_0 = \xi_0 \qquad (3.18)$$

と, 関数 $H(r)$ に対する式

$$\frac{dH}{dr} = -\frac{Ng_s}{V_5 r^5} \qquad (3.19)$$

が得られる．ここで，半径が 1 の S^5 の体積を $V_5=\pi^3$ と書くことにすれば，(3.12)より $(1/2)G_5=N/(V_5 g^s r^5)\Gamma^{\hat{5}\hat{6}\hat{7}\hat{8}\hat{9}}$ (S^5 上の座標を x^5 から x^9 とした) であることを用いた．

(3.18)は，ξ_0^I の 32 個の成分のうち，半分の 16 個だけが古典解上での大域的な超対称性として残ることを表わしている．このような古典解は 1/2 BPS 状態であるといわれる．関数 $H(r)$ に対する微分方程式(3.19)はただちに積分できて，次の解が得られる．

$$H = 1 + \frac{r_0^4}{r^4}, \quad r_0^4 = \frac{Ng_s(2\pi\ell_s)^4}{4V_5} \qquad (3.20)$$

r_0 は古典解の典型的スケールを決定する長さである．ここでこれまで 1 とおいていた長さ $2\pi\ell_s$ をあらわに書いた．こうして，平坦な 10 次元空間上にある電荷 N の D3 ブレーンを表わす古典解が次のように得られた．

$$ds^2 = H^{-\frac{1}{2}}\eta_{\mu\nu}dx^\mu dx^\nu + H^{\frac{1}{2}}(dr^2 + r^2 d\Omega_5^2) \qquad (3.21)$$

これは 1.3 節で与えたものと同じである．

D3 ブレーンを超重力理論の古典解として表現することの妥当性を確認しておこう．考えられる補正としては，弦の励起モードの寄与と，量子重力の効果が考えられる．弦の励起モードは $1/\ell_s$ 程度の質量を持つ．上記の時空においてこのような励起モードを無視できるためには，時空の曲率が励起モードに比べて十分小さくなければならない．D3 ブレーンの古典解の典型的スケールは(3.20)で定義されている r_0 であるから，これは $r_0 \gg \ell_s$ を意味している．一方，量子重力の効果を無視できるためには，重力の結合定数を表わすプランク長 ℓ_P が r_0 に比べて十分小さくなければならない．10 次元のプランク長と弦のスケールの間の

関係は $\ell_P^4 = \ell_s^4 g_s$ と与えられる.これらのことから,次の条件が得られる.

$$N = \frac{r_0^4}{\ell_P^4} \gg 1, \quad Ng_s = \frac{r_0^4}{\ell_s^4} \gg 1 \quad (3.22)$$

この条件が満足される場合に限り,ここで得られた古典解を用いた議論を信頼することができる.

3.1 節で述べたように,ゲージ/重力対応を用いたゲージ理論の解析においては,古典解(3.21)の中の r が非常に小さい,地平面に近い領域だけが重要である.この領域では調和関数(3.20)の定数項を無視することができ,計量は次のようになる.

$$ds^2 = \frac{r^2}{r_0^2}\eta_{\mu\nu}dx^\mu dx^\nu + \frac{r_0^2}{r^2}dr^2 + r_0^2 d\Omega_5^2 \quad (3.23)$$

はじめ 2 つの項は **5 次元反ド・ジッター空間 AdS_5** と呼ばれる空間の計量であり,最後の項は半径が r_0 である S^5 を表わしている.したがってこの 10 次元時空はそれらの直積 $AdS_5 \times S^5$ である.

この,反ド・ジッター空間を背景とした重力理論,あるいは弦理論を用いてゲージ理論の性質を調べようというのがゲージ/重力の精神である.ここでは最も基本的な性質として大域的対称性の対応について見ておこう.D3 ブレーンの地平面近傍(3.23)の対称性は,S^5 の持つ対称性 $SO(6)$ と AdS_5 の持つ対称性 $SO(2,4)$ の直積である(AdS_5 は,計量が $g_{ab} = \mathrm{diag}(--++++)$ である平坦な空間の中で原点からの距離が一定であるような部分空間として表わされる.このことから AdS_5 の持つ対称性が $SO(2,4)$ であることがわかる).これらのうち,$SO(6)$ の因子はゲージ理論の R 対称性を表わしている.これに対して $SO(2,4)$ は場の理論の共形対称性に対応している.実際,x^μ 座標に対するポ

アンカレ対称性のほかに

$$r \to \alpha r, \quad x^\mu \to \frac{1}{\alpha} x^\mu \qquad (3.24)$$

という変換のもとで(3.23)は不変である．x^μ の変換のされ方を見れば，この変換がディラテーション変換であることがわかる．そして r の変換と比較すると，r が大きいところ，すなわち地平面から長距離(赤外=IR)の部分が x^μ 空間での短距離(紫外=UV)の物理を決めることがわかる．この対応はしばしば **IR-UV 対応**と呼ばれる．

■3.5 クォーク・反クォークポテンシャル

クォーク・反クォークポテンシャルはゲージ理論がどのような相にあるか，すなわち閉じ込めが起こるのか起こらないのか，を見るために用いられる重要な物理量であるが，ゲージ/重力対応を用いると，このポテンシャルを幾何学的な言葉で表わすことができ，ゲージ/重力対応の有用性を示す最も代表的な例である．ここでは先ほどの D3 ブレーン古典解を用いてクォーク・反クォークポテンシャルを計算し，$\mathcal{N}=4$ ゲージ理論では閉じ込めが起こらないことを示そう．実は閉じ込めが起こらないことは $\mathcal{N}=4$ ゲージ理論が共形対称性を持つことから明らかなのであるが，ここで述べる手法は共形対称性のない，より一般のゲージ理論に対してもそのまま適用することができる．

距離 L だけ離れておかれたクォークと反クォークのエネルギーを $E(L)$ としよう（$\mathcal{N}=4$ の理論には基本表現に属するクォークは存在しないので，ここでいうクォークと反クォークはポテンシャルを計算するために導入したプローブである）．この $E(L)$

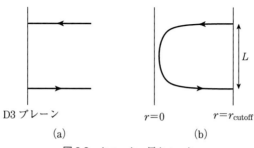

図 3.2 クォーク・反クォーク

を L についてベキ展開し,L^{-1} よりも早く小さくなる項を無視すると,一般には次のようになる.

$$E(L) = T_{\text{QCD}}L + E_0 + \frac{k}{L} + O(L^{-2}) \qquad (3.25)$$

(3.25) の右辺第 1 項が 0 でなければその理論は閉じ込めが起こっており,T_{QCD} はクォークと反クォークをつなぐ弦の張力と同定される.これに対して $T_{\text{QCD}}=0$ で定数項 E_0 (クォークと反クォークの自己エネルギーと解釈される) や $1/L$ に比例する項 (クーロンポテンシャル) しか持たなければ,閉じ込めが起こっていないことを意味している.

ブレーン上のゲージ理論において,基本表現に属するクォークはブレーンに片方の端を持つ基本的弦と解釈することができる.したがって,クォークと反クォークの対はブレーンに端を持つ基本的弦と,そこから L だけ離れて向きが逆のもう 1 本の弦によって表わされる (図 3.2(a)).D3 ブレーンを古典解として与えた場合には,これは AdS_5 空間上の $r=r_{\text{cutoff}}$ の面のある点から出発して $r=0$ の近くを通り,再び $r=r_{\text{cutoff}}$ に戻る 1 本の弦として与えられる (図 3.2(b)).r_{cutoff} は弦が無限に長くなってエネルギーが発散することを防ぐためのカットオフで,計算

の最後で無限大の極限をとる．関数 $E(L)$ はこの弦の持つエネルギーとして与えることができる．AdS_5 のような単純な構造を持った時空ではこの弦の形状を厳密に決定することも可能であるが，ここでは(3.25)の初項にのみ注目し，T_{QCD} がいくつになるかだけを計算しよう．この項を計算するには L が非常に大きい場合の主要な項だけを見ればよい．AdS 空間上の弦は重力による位置エネルギーをできるだけ小さくするためにできるだけ r の小さいところを通ろうとする．その結果，L が大きい場合には弦はその両端を除くほとんどの部分が r が最小値のところを通る．弦が x^1 方向にのびているとすれば，T_{QCD} は x^1 の座標間隔1あたりの弦のエネルギーとして次のように与えられる．

$$T_{\mathrm{QCD}} = T\sqrt{-g_{00}g_{11}}\Big|_{r=r_{\min}} \qquad (3.26)$$

$r_{\min}$ は古典解の最も中心に近い点を表わしており，古典解(3.23)の場合には $r_{\min}=0$ である．その点での計量を見てみると，(3.26)は $T_{\mathrm{QCD}}=0$ を与える．このことは D3 ブレーン上で実現される $\mathcal{N}=4$ のゲージ理論においては閉じ込めが起こらないことを表わしている．

ここで見たように，ゲージ理論における QCD 弦はゲージ/重力対応を通して基本ストリング(1.3節参照)と同一視される．$\ell_s \to 0$ の極限において基本ストリングの張力 T はゲージ理論の側で考えているエネルギースケールよりもはるかに大きいのであるが，時空が平坦ではないことからくる(3.26)中の計量因子(しばしばワープ因子と呼ばれる)がこのスケールを引き下げる役割を果たしている．そしてこの因子が 0 であるかどうかによってゲージ理論で閉じ込めが起こるかどうかを判別することがで

きる.

■3.6 $\mathcal{N}=1$ ゲージ理論の例

$\mathcal{N}=4$ の超対称ゲージ理論は，高い対称性のおかげで AdS 側との対応が見やすいためにくわしく解析されている．しかしながら多くの物理量は共形対称性から自明に決定されてしまうため，現実の世界の物理とはかなり様子が異なっている．

一方，$\mathcal{N}=1$ の模型では，一般には共形対称性は破れており，現実にわれわれの世界で起こっている閉じ込めやカイラル対称性の破れなどの現象が起こり得る．ここでは実際にそのような現象を起こすゲージ理論の例として，ゲージ対称性が $U(N_1){\times}U(N_2)$ であり，カイラル多重項 A_i と B_i ($i=1,2$) を物質場として含む模型を考える．A_i は $N_1{\times}N_2$ 行列，B_i は $N_2{\times}N_1$ 行列であり，それぞれ $U(N_1){\times}U(N_2)$ の $(\mathbf{N}_1,\overline{\mathbf{N}}_2)$ 表現と $(\overline{\mathbf{N}}_1,\mathbf{N}_2)$ 表現に属しており，さらに次のスーパーポテンシャルを仮定する．

$$W = \frac{\lambda}{2}\epsilon^{ij}\epsilon^{kl}\,\mathrm{tr}(A_i B_k A_j B_l) \qquad (3.27)$$

この理論は大域的対称性として A_1 と A_2 を回転させる $SU(2)_A$，B_1 と B_2 を回転させる $SU(2)_B$ そして A_i と B_i をともに電荷 $1/2$ で回転させる **R 対称性**[*] $U(1)_R$ を持つ.

$N_1{=}N{+}M$, $N_2{=}N$ とおこう．$N_1{=}N_2$ の場合，すなわち $M{=}0$ の場合を除き，この理論は共形対称性が破れている．一般に，$\mathcal{N}=1$ 超対称性を持つ $U(N_c)$ ゲージ理論の結合定数のエネルギー依存性は次のように与えられる．

---

[*] 付録を見よ.

$$\frac{d}{d\log(\Lambda/\mu)}\frac{8\pi^2}{g^2} = 3N_c - N_f(1-\gamma) \tag{3.28}$$

ただし N_f はゲージ群に結合したカイラル多重項を，基本表現に属するものと反基本表現に属するものを1組として数えた個数である．γ は，ここでは $\mathrm{tr}(A_i B_i)$ の異常次元 $-1/2 - O((M/N)^2)$ と取る．この式を $U(N_1)$ の結合定数 g_1 について適用するときにはカラーは $N_c = N_1$ とおき，フレーバーの数は $N_f = 2N_2$ とする．g_2 の場合には N_1 と N_2 を入れ替えればよい．ゲージ群を $U(N+M)_1$ と $U(N)_2$ とすれば，これらのゲージ群の結合定数のエネルギー依存性は次のように与えられる(ここでは $N \gg M$ と仮定し，M の高次の補正については無視した)．

$$\frac{1}{g_1^2} + \frac{1}{g_2^2} = c, \quad \frac{d}{d\log(\Lambda/\mu)}\left(\frac{1}{g_1^2} - \frac{1}{g_2^2}\right) = \frac{3M}{4\pi^2} \tag{3.29}$$

ここで，c は積分定数で理論のパラメータである．右側の式から M が0でない場合にはエネルギースケール Λ に依存して結合定数が変化し，共形対称性が破れていることがわかる．M が正である場合には，ゲージ群 $U(N_1)$ は**漸近的自由性**[*]を持ち，低エネルギー側(Λ の小さい値)のあるところ(Λ_1 としよう)で g_1 は発散する．これとは逆に g_2 は高エネルギー側(Λ の大きい値)のあるところ(Λ_2 としよう)で発散する．微分方程式(3.29)を解くと，g_1 と g_2 は次のように与えられる．

$$\frac{1}{g_1^2} = \frac{3M}{8\pi^2}\log\frac{\Lambda}{\Lambda_1}, \quad \frac{1}{g_2^2} = \frac{3M}{8\pi^2}\log\frac{\Lambda_2}{\Lambda} \tag{3.30}$$

ここで，Λ_1 を超えてより低エネルギー側へ，あるいは Λ_2 を超

---

[*] 付録を見よ．

えてより高エネルギー側へ行った場合には，$U(N+M) \times U(N)$ ゲージ理論を用いた記述は破綻する．その代わり，**サイバーグの双対性***でつながる別のゲージ理論による記述が可能であることが知られている．

たとえば，エネルギースケールを，Λ_1 を超えて下げていった場合を見てみよう．$U(N+M)$ と $U(N)$ のうち，$U(N)$ は Λ_1 において何ら特異性を持たないので，$U(N+M)$ にのみ注目しよう．さらに $U(N+M)$ の $U(1)$ 部分群も強結合の物理には影響を与えないと考えられるので無視すると，この系はゲージ群 $SU(N_c)$ の標準的な QCD にほかならない．

一般に，フレーバーの数が $(3/2)N_c < N_f < 3N_c$ であるような $\mathcal{N}=1$ $SU(N_c)$ QCD は低エネルギーにおいて強結合となり，基本的場を用いた記述は困難になる．そのかわり，このような強結合領域ではモノポールなどのソリトンが軽くなるため，それらを基本的な場として扱うような記述が妥当であると考えられる．実際，上記の $SU(N_c)$ ゲージ理論はゲージ群が $SU(N_f-N_c)$ であるような双対ゲージ理論によって表現することができる．ここでは $N_c=N+M$，$N_f=2N$ であるから，M よりも N が十分大きい場合には上記の条件が満足されており，Λ_1 よりも低いエネルギースケールで有効となる双対なゲージ群は先ほど無視した分もあわせて $U(N) \times U(N-M)$ である．これはもとのゲージ理論で N を $N-M$ に置き換えたものと同じである．したがってさらにエネルギーを下げていくと，今度は $U(N)$ のゲージ結合定数が発散し，再びサイバーグの双対性を用いてゲージ群が $U(N-M) \times U(N-2M)$ である双対な記述に移ることになる．こ

---

* 付録を見よ．

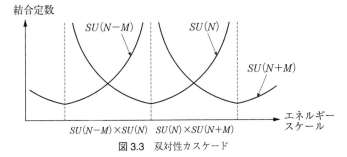

図 3.3 双対性カスケード

の双対変換の繰り返しは小さいほうのゲージ群の大きさが M より小さくなるまで繰り返される．この繰り返しのことを双対性カスケード（duality cascade）と呼ぶ（図 3.3）．

$N<M$ になったあともさらにエネルギーを下げていくことを考えよう．N は 0 から $M-1$ までの値を取る可能性があるが，これらはどれも低エネルギーでは同じ振る舞いをすると考えられているので，最も単純な $N=0$ の場合について見てみる．この場合，ゲージ群の $U(1)$ 部分を無視すると $\mathcal{N}=1$ の純粋 $SU(M)$ ヤン–ミルズ理論になる．この理論の $U(1)_R$ 対称性はインスタントン効果によって $\mathbb{Z}_{2M}$ に破れており，独立した M 個の真空が存在する．これらはゲージーノ凝縮 $\langle\lambda\lambda\rangle$ の値によって区別され，ゲージーノが凝縮を起こしてそれらの真空のうちの 1 つが選ばれると，最終的に $U(1)_R$ 対称性が $\mathbb{Z}_2$ に破れる．さらに，この理論は閉じ込めを起こし，有限の張力を持った QCD 弦が現われると考えられる．

3.7 クレバノフ–ストラスラー解

前節で説明した $\mathcal{N}=1$ ゲージ理論の性質を，超重力理論を用

いて解析してみよう.そのためにまず行うべきことは,このゲージ理論をブレーン上の理論として実現することである.ここではまず$M=0$の共形不変性のある理論をD3ブレーンを用いて与え,そのあとで$M\neq 0$の場合に拡張することにする.

まず,$N=1$の場合,すなわちゲージ群が$U(1)\times U(1)$である場合にこの理論のモジュライ空間を調べてみよう.ゲージ群の2つの$U(1)$の適当な線形結合を取ると,A_iにもB_iにも結合していない組み合わせが存在することがわかる.したがってその$U(1)$ゲージ群は無視することができて,実質的なゲージ対称性は$U(1)$である.この理論の真空はこの$U(1)$ゲージ場の超対称パートナーである補助場Dが0であるという条件

$$|A_1|^2+|A_2|^2 = |B_1|^2+|B_2|^2 \tag{3.31}$$

によって決まる.この両辺が取る共通の値をr^2としよう.すると,A_iおよびB_iはそれぞれが半径rの$S^3 \sim SU(2)$上に値を取る.さらに,ゲージ変換の自由度$U(1)$で割ることで$(SU(2)\times SU(2))/U(1)$が得られる.この多様体は$T^{1,1}$と呼ばれる5次元の多様体である.さらにrの自由度をあわせれば,モジュライ空間は$T^{1,1}$上のコニフォールド(conifold,錐多様体)となる.このコニフォールドを$\mathcal{M}$としよう.ブレーンを用いた構成でこのようなモジュライ空間を再現するためには,10次元時空$\mathbb{R}^4\times\mathcal{M}$上のIIB型超弦理論を考え,その背景上に$\mathbb{R}^4$の方向にのびたD3ブレーンを1枚配置すればよい.さらにゲージ群の大きさNが1以上の一般の値を取る場合には,N枚の平行なD3ブレーンを配置することによって上記のゲージ理論を実現することができる.

一般に,6次元のコニフォールド$\mathcal{M}$の計量は次のように与え

られる.

$$ds_6^2 = dr^2 + r^2 ds_5^2 \qquad (3.32)$$

ds_5^2 はコンパクトな5次元多様体の計量で,半径座標 r には依存しないものとする. ds_5^2 によって表わされる5次元多様体を X とおこう.上で述べたように,前節で与えたゲージ理論を実現するためには $X=T^{1,1}$ の場合を考えるのであるが,この X を他の多様体に置き換えることで,そのほかのいろいろなゲージ理論を再現することもできる.多様体 $\mathbb{R}^4 \times \mathcal{M}$ が超弦理論の背景時空として採用できるためにはアインシュタイン方程式を満足している必要があるから,$\mathcal{M}$ はリッチ(Ricci)平坦 $R_{ij}=0$ でなければならない.この条件は多様体 X が $R_{ij}=4g_{ij}$ を満足するアインシュタイン空間であることを意味している.この条件を満足する X の最も簡単な例は半径1の S^5 であるが,このときには $\mathcal{M}$ は平坦な $\mathbb{R}^6$ に等しく,D3ブレーン上の理論として $\mathcal{N}=4$ 理論を与え,前節の例に帰着する.

前節の $\mathcal{N}=1$ ゲージ理論を実現するために,$X=T^{1,1}$ の場合について見ていこう.$T^{1,1}$ は $S^2 \times S^2$ 上の S^1 ファイバー束であり,それぞれの S^2 上での第1チャーン類はどちらも1である.位相的には $T^{1,1}$ は $S^2 \times S^3$ に等しいことが知られている. $S^2 \times S^2$ 上の座標を (θ_i, ϕ_i) $(i=1,2)$,S^1 ファイバー上の座標を $0 \leq \psi < 4\pi$ とすると,上記のアインシュタイン多様体の条件を満足する $T^{1,1}$ の計量は次のように与えられる.

$$ds_{T^{1,1}}^2 = \frac{1}{9}(e^5)^2 + \frac{1}{6}[(e^1)^2+(e^2)^2+(e^3)^2+(e^4)^2] \quad (3.33)$$

ただし,e^1 から e^5 は次のように定義される.

$$e^1 = -\sin\theta_1 d\phi_1, \quad e^2 = d\theta_1$$
$$e^3 = \sin\theta_2 d\phi_2, \quad e^4 = d\theta_2$$
$$e^5 = d\psi + \cos\theta_1 d\phi_1 + \cos\theta_2 d\phi_2 \quad (3.34)$$

この多様体上で,$\delta\psi_\mu = \delta\lambda = 0$ であるような超対称変換がどれだけあるかを調べてみると,8 個の超対称性が存在している(1/4 BPS 状態である)ことがわかる.そして D3 ブレーンを導入するとさらに超対称性が半分に破れ,4 次元の $\mathcal{N}=1$ 超対称性が残る.

2 つのゲージ群 $U(N)_1$ と $U(N)_2$ のそれぞれの結合定数は次のように与えられることが知られている.

$$\frac{1}{g_1^2} = \frac{1}{4\pi e^\phi} b, \quad \frac{1}{g_2^2} = \frac{1}{4\pi e^\phi}(1-b), \quad b = \int_{S^2} B_2 \quad (3.35)$$

ここで,B_2 は NS-NS 2 形式場であり,その積分は非自明な $T^{1,1}$ の 2 サイクル上で行われる.これらの関係式は T デュアリティを用いて別のブレーン配位へ移ったり,コニフォールド上の分数的 D ブレーンの有効作用を考えたりすることで説明することができるがここでは省略する.

ゲージ/重力対応の手法を用いるためには,上記のコニフォールド上の N 枚の D3 ブレーンを,N が十分大きいという仮定のもとで超重力理論の古典解として表わさなければならない.D3 ブレーンは全てコニフォールドの頂点 $r=0$ 上に重なっているとしよう.そのような D3 ブレーン古典解の計量として次の仮定をおく.

$$ds^2 = f^2(r)\eta_{\mu\nu}dx^\mu dx^\nu + g^2(r)ds_6^2 \quad (3.36)$$

3.7 クレバノフ−ストラスラー解

さらに，D3ブレーンに結合したRRゲージ場 G_5 が現われるが，これは次のようにおくのが適当であろう．

$$G_5 \propto (1+*)e^1 \wedge e^2 \wedge e^3 \wedge e^4 \wedge e^5 \quad (3.37)$$

比例係数は $T^{1,1}$ 上で積分した結果D3ブレーンの枚数を与えるという条件によって決めることができる．

あとはこの古典解上に $\mathcal{N}=1$ の対称性が残るということを要請すれば(3.36)の未定関数 $f(r)$ と $g(r)$ が決定される．この作業はほとんど3.4節で行ったことの繰り返しであり，結果として(3.21)と同じ形をした次の古典解が得られる．

$$ds^2 = H^{-\frac{1}{2}}\eta_{\mu\nu}dx^\mu dx^\nu + H^{\frac{1}{2}}ds_6^2, \quad H = 1+\frac{r_0^4}{r^4} \quad (3.38)$$

ただし，今度は V_5 として S^5 の体積 π^3 ではなく，(3.33)の体積 $(16/27)\pi^3$ を用いる必要がある．したがって r_0 は次のように与えられる．

$$r_0^4 = \frac{Ng_s}{4V_5} = \frac{27Ng_s(2\pi\ell_s)^4}{64\pi^3} \quad (3.39)$$

地平面近傍では $AdS_5 \times T^{1,1}$ を表わす次の計量に帰着する．

$$ds^2 = \frac{r^2}{r_0^2}\eta_{\mu\nu}dx^\mu dx^\nu + \frac{r_0^2}{r^2}dr^2 + r_0^2 ds_5^2 \quad (3.40)$$

AdS_5 が現われることは，$\mathcal{N}=4$ ゲージ理論の場合と同様に共形対称性が存在することを意味しており，ゲージ理論側で期待される結果を再現している．

次に，この解を変形することによって M が0ではない，共形対称性の破れたゲージ理論に対応する古典解を構成しよう．2つのゲージ群因子の片方だけを増減させるためには，$T^{1,1}$ の S^2 のサイクルに巻き付いたD5ブレーンを導入すればよいことが

知られている.これらは1より小さなD3ブレーン電荷を持っており,しばしば分数的D3ブレーンと呼ばれる.ここではM枚のD5ブレーンを巻き付けてゲージ群が$U(N+M)\times U(N)$になるとしよう.

$T^{1,1}$の非自明な2サイクルと3サイクルそれぞれの上で積分して1を与えるような閉形式は次のように与えることができる.

$$\omega_2 = \frac{1}{8\pi}(e^1 \wedge e^2 + e^3 \wedge e^4), \quad \omega_3 = \frac{1}{2\pi}e^5 \wedge \omega_2 \quad (3.41)$$

S^2にM枚のD5ブレーンが巻き付いているということは,そのD5ブレーンを囲むS^3(これは$T^{1,1}$のS^3サイクルにほかならない)上で積分するとMを与えるようなG_3のフラックスが存在するはずである.そこで次のようにおいておこう.

$$G_3 = M\omega_3 \quad (3.42)$$

反対称テンソル場の場の強さのうち,D3ブレーンとD5ブレーンの存在のためにG_3とG_5がどちらも0ではないが,このような状況ではH_3も0ではありえないことが運動方程式(3.8)からわかる.これは式(3.35)に現われるbが一定ではなく,半径座標rに依存することを意味している.そこでポテンシャルB_2と対応する場の強さH_3を次のようにおこう.

$$B_2 = b(r)\omega_2, \quad H_3 = \frac{db(r)}{dr}dr \wedge \omega_2 \quad (3.43)$$

G_5の運動方程式$dG_5 = H_3 \wedge G_3$に(3.42)のG_3と(3.43)のH_3を代入すると,ただちに解くことができて次の解を得る.

$$G_5 = N(r)(1+*)\omega_2 \wedge \omega_3, \quad N(r) = Mb(r) + N_0 \quad (3.44)$$

N_0は積分定数である.G_3とH_3が0ではないために,運動方

程式(3.9)を通してディラトン場 ϕ も一般には誘起される。しかし(3.29)にある $1/g_1^2+1/g_2^2$ が一定になるというゲージ理論側の性質を再現するためにはディラトンが一定値を取る必要がある。そこでここでは3形式場 H_3 と G_3 に対して条件

$$g_s G_3 = *_6 H_3 \qquad (3.45)$$

を課し、(3.9)の右辺の2つの項が互いに相殺してディラトンが定数となる解を探すことにしよう。(3.45)は複素3形式場 $G_3^C = G_3 + (i/g_s)H_3$ を用いると $*G_3^C = iG_3^C$ と書けるので、しばしば自己双対条件と呼ばれる。

解を完全に決定するには、計量に対しても適当な解の形を仮定し、解の上で超対称性が残るという条件から微分方程式を導出すればよいが、ここでは完全な解の導出はせず解の形についていくつかの仮定をおく簡便法を用いることにする。まず第一に計量は次のように取ることができると仮定する。

$$ds^2 = H^{-\frac{1}{2}}(r)dx^2 + H^{\frac{1}{2}}(r)(dr^2 + r^2 ds_5^2) \qquad (3.46)$$

この計量の上で、自己双対条件(3.45)は次のように書くことができる。

$$\frac{db(r)}{dr} = \frac{3Mg_s}{2\pi r} \qquad (3.47)$$

そして第2の仮定として、関数 H が平坦な時空上のD3ブレーンの場合と同じく(3.19)を満足すると仮定しよう。しかし今度は G_5 を積分して得られるフラックス N は定数ではなく、半径の関数である。

$$\frac{dH(r)}{dr} = -\frac{N(r)g_s}{V_5 r^5} \qquad (3.48)$$

これら 2 つの微分方程式 (3.47) と (3.48) と, (3.44) を用いれば, 簡単に関数 $H(r)$, $N(r)$, $b(r)$ が求まり, 積分定数の不定性を除いて解が決定される.

$$b(r) = \frac{3Mg_s}{2\pi} \log \frac{r}{r_0} \tag{3.49}$$

$$N(r) = M\frac{3Mg_s}{2\pi} \log \frac{r}{r_0} + N_0 \tag{3.50}$$

$$H(r) = \frac{g_s}{4V_5 r^4} \left[M\frac{3Mg_s}{2\pi} \left(\log \frac{r}{r_0} + \frac{1}{4} \right) + N_0 \right] + H_0 \tag{3.51}$$

ただし r_0, N_0, H_0 が積分定数である.

こうして解が求まった. ここで, $b(r)$ と $N(r)$ の r 依存性に注目しよう. これは $M=0$ の場合にはなかった性質である. $b(r)$ が r によって変化するということは, 関係式 (3.35) および r とエネルギースケールの関係 (3.1) を踏まえれば結合定数にエネルギー依存性があることに対応している. 実際に (3.35) と (3.49) を組み合わせれば, 結合定数の r 依存性が次のように得られる.

$$\frac{1}{g_1^2} - \frac{1}{g_2^2} = \frac{3M}{4\pi^2} \log \frac{r}{r_0} + \text{const.} \tag{3.52}$$

r をエネルギースケールと同一視すればこの関係式は場の理論で期待される結合定数のエネルギー依存性を正確に再現している. また, (3.49) と (3.50) を見比べると, $b(r)$ が 1 だけ変化する間に $N(r)$ が M だけ変化することがわかる. これは双対性カスケードによるゲージ群の大きさの変化として解釈することができる.

このように, r が大きいところでのこの解の振る舞いはゲージ理論側での性質をうまく再現している. 一方で r が小さいと

ころを見てみると，この解には問題がある．上記の解は r が小さくなると，あるところで $H(r)=0$ となり，これは裸の特異点が生じている．実は，r が大きいところでは上記の解に漸近し，中心部では特異点が存在しないような，いたるところ滑らかな古典解を構成することができ，クレバノフ-ストラスラー解として知られている([4])．ゲージ理論の立場では，この特異点の解消は赤外極限のゲージ理論の振る舞いに関係している．以下ではクレバノフ-ストラスラー解の構成法について簡単に述べ，その性質がちょうどゲージ理論側で期待されるカイラル対称性の破れを反映していることを見ておこう．

S^2 に巻き付いた D5 ブレーンに伴う G_3 のフラックスを導入したときに，裸の特異点が出現する原因の 1 つは，G_3 フラックスの本数 M が一定で変化しないのに S^3 サイクルの大きさが r が小さいところで 0 になり，そのエネルギー密度が発散してしまうことにある．そこであらかじめ S^3 サイクルの大きさが 0 にならないようにコニフォールドを変形しておこう．そのような多様体は "deformed conifold" と呼ばれ，計量は次のように与えられる．

$$ds_6^2 = \frac{1}{2}\epsilon^{\frac{4}{3}} K(r)\bigg[\frac{1}{3K^3(r)}(dr^2+(e^5)^2)$$
$$+\frac{\cosh r}{2}((e^1)^2+(e^2)^2+(e^3)^2+(e^4)^2)$$
$$+\cos\psi(e^1 e^3+e^2 e^4)$$
$$+\sin\psi(-e^1 e^4+e^2 e^3)\bigg] \qquad (3.53)$$

関数 $K(r)$ は次のように定義される．

$$K(r) = \frac{(\sinh(2r)-2r)^{\frac{1}{3}}}{2^{\frac{1}{3}}\sinh r} \qquad (3.54)$$

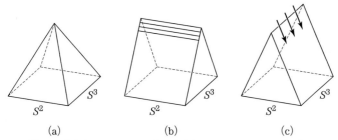

図 3.4 (a)はコニフォールド，(b)は resolved conifold とその S^2 サイクルに巻き付いた D5 ブレーン，(c)は deformed conifold とその S^3 サイクルを通り抜けるフラックスを表わす．

ϵ は変形のスケールを表わすパラメータである．r の大きいところでは，この計量はコニフォールド(3.32)に漸近する(実際に計量(3.32)を得るには r 座標の適当な変換が必要である)．この多様体の大まかな構造を図示したものが図 3.4 である．この図の中では r 座標は高さに対応しており，頂上が $r=0$ を表わす．r が大きい所で断面は長方形になるが，それぞれの辺の長さは $T^{1,1}$ の S^2 と S^3 の大きさを表わしている．

(a)の四角錐はもともとのコニフォールドの構造を表わしており，S^2 も S^3 もどちらも $r=0$ ではつぶれて半径が 0 になる．それに対して(c)は deformed conifold(3.53)を表わしている．図からわかるように deformed conifold では $r=0$ においても S^3 はつぶれることなく有限の大きさを保っている．矢印は S^3 を通り抜ける G_3 のフラックスを表わす．ここではくわしくは説明しないが，式(3.36)に含まれる ds_6^2 を deformed conifold に置き換えてそれ以降の手続きを繰り返すことでクレバノフ-ストラスラー解が得られる．

(a)のコニフォールドの S^2 をふくらます変形も知られており，resolved conifold と呼ばれている(図(b)参照)．実は(c)は(b)

の S^2 のサイクルに D5 ブレーンを巻き付けたものとみなすこともできる．

(b) の図において，S^2 に巻き付けられる D5 ブレーンは側面上に線分として表わされている．この D5 ブレーンの近傍での時空の様子は，平坦な時空上での D5 ブレーンの古典解の様子から類推することができる．その古典解は 1.3 節に与えられているが，ブレーンに近づいていくとブレーンに平行な方向の計量が 0 に近づいていくことがわかる．このことは，(b) のブレーンを古典解として見たときには，線分方向の S^3 の大きさがブレーンに近づくにつれて小さくなり，最終的には 0 になることを意味している．一方，S^3 については，その上で積分したときに D5 ブレーンの枚数を与えるような RR 3 形式のフラックスが通っており，その圧力によって $r=0$ においても 0 でない大きさを保つ．これらのことを考慮すると，古典解は (c) のような構造を持つと予想されるが，クレバノフ-ストラスラー解は実際にそうなっている．

クレバノフ-ストラスラー解は r の大きいところでは古典解 (3.49), (3.50), (3.51) に漸近するからゲージ理論における結合定数の変化や双対性カスケードによるゲージ群の変化を再現しているが，特におもしろいのはこの解の中心部での振る舞いである．変形されたコニフォールドの計量 (3.53) を見てみると，もとのコニフォールドにはなかった ψ 依存性が最後の 2 つの項に現われている．前にも述べたように，ψ をシフトする $U(1)$ 対称性はゲージ理論の R 対称性 $U(1)_R$ に対応している．したがって，(3.53) 中の ψ 依存性はこの $U(1)_R$ 対称性が赤外領域で破れていることを意味している．これは，場の理論の赤外極限においてゲージーノ凝縮が起こり，カイラル対称性が破れるという

性質を再現しているのである.

さらに,この古典解上でクォーク・反クォークポテンシャルを考えれば,$r=0$ において g_{00} も g_{11} も 0 にならないので(3.26)によって与えられる弦の張力 T_{QCD} は 0 ではない有限値を取ることがわかる.したがって,超重力理論を用いた解析からもゲージ理論側で期待される通り閉じ込めが起こっていることが示された.

このように,クレバノフ-ストラスラー解は 3.6 節で与えた $\mathcal{N}=1$ 理論の性質を見事に再現している.ここで紹介することはできなかったが,この解はこれ以外にもバリオンやドメインウォールといった物理的実体の性質を再現することが知られている.さらに,ブレーンを導入することによってダイナミカルなクォーク場を導入し,われわれの現実世界により近い状況を再現しようという試みも行われている.

付　録

………… ニュートン定数，ブレーン電荷の定義について

1.3 節に与えられたブレーン解において用いられた定義を与える．まず，ディラトン場は無限遠方で $\phi \to 0$ になるように定数部分を選ぶ．こうして定義されたディラトン場とニュートン定数 κ を用いて，アインシュタイン作用が次のように与えられる．

$$\mathcal{L} = \frac{1}{2\kappa^2 e^{2\phi}} \sqrt{-g} R \qquad (1)$$

ニュートン定数 κ と弦の結合定数 g_s は $\kappa^2 = \pi(2\pi)^6 \ell_s^8 g_s^2$ によって関係している．$(n+1)$ 次の RR 場は，ラグランジアンへの寄与が次の形を持つように規格化した．

$$\mathcal{L} = -\frac{\sqrt{-g}}{2 \cdot (n+1)!} G_{\mu_0 \mu_1 \cdots \mu_n} G^{\mu_0 \mu_1 \cdots \mu_n} \qquad (2)$$

また，NS-NS 2 形式場の規格化は，次のように与えられる．

$$\mathcal{L} = -\frac{\sqrt{-g}}{12} e^{-2\phi} H_{\mu\nu\rho} H^{\mu\nu\rho} \qquad (3)$$

電荷 Q は，p ブレーンに結合した反対称テンソル場の場の強さ F_{8-p} の積分が

$$\oint_{S^{8-p}} F_{8-p} = \Omega_{8-p} Q \qquad (4)$$

と与えられるように定義した．ただし，S^{8-p} がブレーンを囲む $8-p$ 次元球面であり，Ω_{8-p} は半径が 1 の $8-p$ 次元球の体積である．

……………GSO 射影

超弦理論において弦の状態のフォック空間は，ワールドシート上の場をモード展開して得られる生成演算子を真空状態に作用させることによって生成される．しかし，1 ループ以上の振幅に対する無矛盾性(モジュラー不変性)を要求するとフォック空間上の全ての状態を物理的な状態として採用することはできず，そのうちの一部だけを残す GSO 射影と呼ばれる操作が必要であることが知られている．II 型超弦理論において，GSO 射影は閉弦に対しては右回りセクターと左回りセクターのそれぞれに対して独立に行われ，それぞれのセクターのワールドシート上のフェルミオン数が偶数の状態のみを物理的な状態として残す．フェルミオン数の定義には真空状態のフェルミオン数をどう取るかという任意性があり，これが 2 つの異なる II 型理論が存在する原因である．

……………漸近的自由性

結合定数のエネルギー依存性を表わす量

$$\beta(g) = \frac{dg}{d\log \Lambda/\mu} \qquad (5)$$

は理論のベータ関数と呼ばれる．ベータ関数は摂動論の最低次では

$$\beta(g) = b_1 g^3 \qquad (6)$$

の形を持つ．b_1 は理論に依存する定数である．この式を積分すると

$$\frac{1}{g^2} = -2b_1 \log \Lambda/\mu \qquad (7)$$

したがって，係数 b_1 が負の時にはエネルギー・スケールの増加($\Lambda \to \infty$)とともに結合定数 g はゼロに近づき，理論の相互作用は小さくなる．この時に理論は漸近自由性を持つといわれる．一方，係数 b_1 が正の時には，エネルギー・スケールとともに結合定数は増加し，Λ が μ に（下から）近づく時に発散する．

漸近自由性を持つ理論の代表は QCD であるが，$\mathcal{N}=1$ の超対称性を持つ $SU(N_c)$ ゲージ理論では基本表現に従う物質場の数 N_f が

$$N_f \leq 3N_c \qquad (8)$$

の時に漸近自由性を持つ．また，$\mathcal{N}=2$ 超対称性 $SU(N_c)$ ゲージ理論では基本表現に従う物質場の数 N_f が

$$N_f \leq 2N_c \qquad (9)$$

の時に漸近自由性を持つ．$\mathcal{N}=4$ 超対称性を持つゲージ理論ではベータ関数が消える($b_1=0$)ため，理論に共形不変性が存在する．現在の場の理論の解釈では，漸近自由性を持つ理論か共形不変性を持つ理論のみが整合性を持つ場の理論であると考えられている．

………… カラビ-ヤウ多様体

超弦理論をコンパクト化して 4 次元で $\mathcal{N}=1$ 超対称性を持つ理論を得るためには，6 次元の内部空間が特別な幾何学的性質を持つ必要がある．こうした条件を満たす多様体がカラビ-ヤウ多様体である．

一般に曲がったd次元空間の中でベクトルを平行移動すると，ベクトルの長さは不変であるがその向きは変化する．特に閉曲線にそってベクトルvを平行移動すると，出発点に戻ったときにはベクトルv'に変化する．vとv'は長さが等しいため互いに回転で移り合う．このようにして回転群$SO(d)$の要素が得られるが，これを閉曲線に沿うホロノミーと呼ぶ．さまざまな閉曲線を考えることによりホロノミー全体の生成する群を得るが，これは一般には回転群$SO(d)$に一致する．

このように通常のd次元多様体はホロノミー群$SO(d)$を持つが，偶数次元$d=2n$の多様体が複素構造を持つと（正確には複素構造が平行移動で不変なケーラー多様体の場合），ホロノミー群は複素ベクトルの長さを不変に保つ変換群$U(n)$に変化する．$U(n)$は$SO(2n)$に含まれるので，ケーラー多様体ではホロノミー群が小さくなった（簡約された）とみなすことができる．

弦理論で問題になる内部空間は$d=6$次元であるが，理論の共形不変性を保つためにはリッチ・テンソルがゼロに等しいリッチ平坦(Ricci flat)なケーラー多様体でなければならないことが導かれる．これがカラビ-ヤウ多様体の定義である．

カラビ-ヤウ多様体

$\iff$ 複素3次元リッチ平坦ケーラー多様体 (10)

リッチ・テンソルは空間の曲率の$U(1)$部分にあたり，この部分が消えているため，カラビ-ヤウ多様体のホロノミーは$SU(3)$となる．すなわちカラビ-ヤウ多様体は簡約されたホロノミー$SU(3)$を持つことが特徴である．

ホロノミーの$U(1)$部分が消えているため，カラビ-ヤウ多様体上には特別な場が存在する．すなわち，正則3形式Ω_{ijk}, covariantly constant spinor などである．この covariantly constant spinor は共変微分で消されるスピノル場

$$D_i \psi = 0, \quad i = 1, 2, 3 \tag{11}$$

であり，カラビ–ヤウ多様体上に ψ が存在することが，カラビ–ヤウにコンパクト化した弦理論が 4 次元で $\mathcal{N}=1$ 超対称性を持つことに対応している．

カラビ–ヤウ多様体のトポロジカル・タイプはホッジ数 $h^{1,1}, h^{1,2}$（調和 (1,1) 形式，調和 (1,2) 形式の数）によって分類される．異なるトポロジーを持つ非常に多くのカラビ–ヤウ多様体が知られている．

カラビ–ヤウ多様体の複素 2 次元の対応物が K3 多様体である．K3 多様体は簡約されたホロノミー $SU(2)$ を持つ．実 4 次元多様体のホロノミー $SO(4) \approx SU(2) \times SU(2)$ と比べると，$SU(2)$ が 1 つに減っている．このため，空間の曲率がいわば半分消えており，自己双対の曲率を持つ．また，K3 多様体には 3 つの異なる複素構造が 4 元数的な代数を満たすハイパーケーラー構造が存在する．

カラビ–ヤウと異なり K3 は唯一のトポロジカルタイプを持つ．K3 の中間次元のホモロジーは $E_8 \times E_8 \times H^3$ の格子を張る．E_8 はリー環 E_8 のルート格子，H は 2 次元の hyperbolic な格子である．これらの 2 サイクルのいくつかが消滅する時の特異点近傍の様子を表わすのが ALE 空間である．ALE 空間はいわば K3 多様体の退化する様子を記述している．

T^4 上にコンパクト化されたヘテロティック弦理論と K3 上にコンパクト化された IIA 型弦理論の双対性，K3 上にコンパクト化されたヘテロティック弦理論と $\mathbb{P}^1(S^2)$ 上に K3 空間をファ

イバーしてできるカラビ-ヤウ空間上の IIB 型弦理論の双対性などがよく知られている．

########## R 対称性

超対称性を持つ理論の(超対称性以外の)大域的な対称性は，その変換が超対称変換と可換なものと，そうでないものとに分けることができる．後者は特に R 対称性と呼ばれ，超対称性を持つ理論において重要な役割を果たす．

R 対称性が超対称変換と可換ではないということは，超対称変換の生成子である超対称性電荷 Q が R 対称性のもとで非自明に変換されることを意味する．たとえば $\mathcal{N}=1$ 超対称性を持つ場の理論の場合には，超対称性電荷の位相を回転させる $U(1)$ 対称性を考えることができる．この対称性はしばしば $U(1)_R$ という記号で表わされる．

$U(1)_R$ 対称性に対する電荷は R 電荷と呼ばれる．R 対称性ではない大域的対称性に関しては，同じ超対称多重項に属する成分場は全て同じ電荷を持つが，R 電荷は同じ多重項に含まれている成分場が異なる値を持つ．たとえば超対称電荷 Q が R 電荷 1 を持つように規格化しておくと，カイラル多重項に含まれるスカラー場 ϕ とフェルミオン場 ψ の R 電荷は変換則 $\delta\psi \sim [Q, \phi]$ からもわかるように 1 だけ異なる．

$\mathcal{N}>1$ の理論の場合には，$\mathcal{N}$ 個の超対称性電荷に作用するさらに大きな対称性 $SU(\mathcal{N})_R \times U(1)_R$ を考えることができる．一般にはこれらの対称性は常に存在するわけではなく，ラグランジアンに含まれる相互作用項やアノマリーによって破れている場合もある．

ゲージ/重力対応の文脈では R 対称性は内部空間の構造と密

接に関係している.たとえば $\mathcal{N}=4$ 理論が持つ $SU(4) \sim SO(6)$ 対称性は,対応する古典解 $AdS_5 \times S^5$ の S^5 が持つ回転対称性に他ならない.

………… サイバーグ双対性

閉じ込めが起こっているゲージ理論では,物理的状態として現われるのはゲージ群の1重項状態のみであるため,われわれはゲージ群そのものを直接見ることはできない.このため,ゲージ群が異なる理論であっても,物理的に同一の系であるという状況が起こり得る.このような理論の対が $\mathcal{N}=1$ 超対称性理論において実際に存在し,サイバーグ双対性と呼ばれている.

典型的な例として以下のものが知られている.まず,理論 I としてゲージ群が $SU(N_c)$ であり,物質場として2種類のクォーク Q^{ia} と $\tilde{Q}_{ia}$ を N_f 個ずつ含む理論を考える.$i=1,\cdots,N_f$ はフレーバーの添字,$a=1,\cdots,N_c$ はゲージ対称性のカラーの添字である.

理論 *I*

対称性		$SU(N_f)$	$SU(N_c)$
ゲージ場		**1**	随伴表現
物質場(クォーク)	Q^{ia}	$\mathbf{N}_f$	$\mathbf{N}_c$
	$\tilde{Q}_{ia}$	$\overline{\mathbf{N}}_f$	$\overline{\mathbf{N}}_c$

一方,理論 II としてゲージ群が $SU(\tilde{N}_c)$ ($\tilde{N}_c = N_f - N_c$)であり,物質場としてクォークの双対 q_i^α と $\tilde{q}_\alpha^i$ およびメソン場 M_j^i を含むものを考える.$i=1,\cdots,N_f$ は理論 I と同じフレーバーの添字,$\alpha=1,\cdots,\tilde{N}_c$ はゲージ対称性 $SU(\tilde{N}_c)$ のカラー添字である.

さらに理論 II にはスーパーポテンシャル $W = q_i^\alpha M_j^i \tilde{q}_\alpha^j$ が存

理論 *II*

対称性		$SU(N_f)$	$SU(\tilde{N}_c)$
ゲージ場		**1**	随伴表現
物質場(クォークの双対)	q_i^α	$\overline{\mathbf{N}}_f$	$\tilde{\mathbf{N}}_c$
	$\tilde{q}_\alpha^i$	$\mathbf{N}_f$	$\overline{\tilde{\mathbf{N}}}_c$
物質場(メソン)	M_j^i	$\mathbf{N}_f \times \overline{\mathbf{N}}_f$	**1**

在すると仮定する．この時，理論 *I* と *II* は互いに双対であり同じ物理を記述することが知られている．

············D ブレーンのチャーン-サイモンズ項

本文でも説明したように，ブレーンは固有の張力と電荷を持っている．Dp ブレーンの場合にはその張力 T_p とチャージ μ_p は(1.56)によって与えられる．この状況は，ブレーンと時空の計量，RR ポテンシャルとの次の相互作用によって表わされる．

$$S = -T_p \int_{D_p} d^{p+1}\sigma \sqrt{-\det G_{ij}} - \mu_p \int_{D_p} C_{p+1} \qquad (12)$$

G_{ij} ($i, j = 0, 1, \cdots, p$) は背景時空の計量 G_{MN} ($M, N = 0, 1, \cdots, 9$) からブレーン上に誘導される計量(induced metric)，

$$G_{ij}(\sigma) = \sum_{M,N=0}^{9} \frac{\partial X^M}{\partial \sigma_i} \frac{\partial X^N}{\partial \sigma_j} G_{MN}(X(\sigma)) \qquad (13)$$

である．第1項は南部・後藤作用と呼ばれ，10 次元時空の中でブレーンが占める体積を表わしている．これは質点の作用(世界線の長さ)を高次元のブレーンに一般化したものである．また，第2項は RR ポテンシャル C_{p+1} に対して電荷 μ_p を持つことを表わしている．

(12)は D ブレーン上のゲージ場の寄与を含んでいないので，D ブレーンの作用としては不完全である．ゲージ場の寄与は，

弦のディスク振幅の計算や，双対性(SデュアリティやTデュアリティ)を用いた議論によって決めることができ，その結果次の作用が得られる．

$$S = -T_p \int d^{p+1}\sigma \sqrt{-\det(G_{ij}+\mathcal{F}_{ij})}$$
$$-\mu_p \int \left(C_{p+1}+\mathcal{F}_2 \wedge C_{p-1}+\frac{1}{2}\mathcal{F}_2 \wedge \mathcal{F}_2 \wedge C_{p-3}+\cdots \right) \tag{14}$$

$\mathcal{F}_{ij}$ はブレーン上の $U(1)$ ゲージ場の強さ F_{ij} と NS-NS 2 形式場 B_{MN} のブレーン上への引き戻し

$$B_{ij}(\sigma) = \sum_{M,N=0}^{9} \frac{\partial X^M}{\partial \sigma^i}\frac{\partial X^N}{\partial \sigma^j} B_{MN}(X(\sigma)) \tag{15}$$

との線形結合，

$$\mathcal{F}_{ij} = 2\pi \ell_s^2 F_{ij}+B_{ij} \tag{16}$$

である．(14)の右辺第1項はボルン–インフェルド（Born-Infeld）作用，第2項はチャーン–サイモンズ作用と呼ばれる．チャーン–サイモンズ作用は次のようにコンパクトに表わすことができる．

$$\int \exp \mathcal{F}_2 \cdot \sum_{j=0}^{p+1} C_j \tag{17}$$

ただし，ここで指数関数の展開で，RR ポテンシャル C_j と組み合わせて $(p+1)$ 形式となる項のみを拾う．

参考文献

[1] O. Aharony, S. S. Gubser, J. M. Maldacena, H. Ooguri, Y. Oz: Large N Field Theories, String Theory and Gravity, Phys. Rept., **323**, 183, 2000.

[2] T. Eguchi, P. Gilkey and A. Hanson: Gravitation, Gauge Theories and Differential Geometry, Phys. Rep., **66**, 214, 1980.

[3] M. Green, J. Schwarz and E. Witten: Superstring Theory 1,2, Cambridge University Press, 1987.

[4] I. R. Klebanov, M. J. Strassler: Supergravity and a Confining Gauge Theory: Duality Cascades and χSB-Resolution of Naked Singularities, JHEP, **8**, 52, 2000.

[5] J. Polchinski, Dirichlet-Branes and Ramond-Ramond Charges, Phys. Rev. Lett., **75**, 4724, 1995.

[6] J. Polchinski: String Theory I, II, Cambridge University Press, 1998.

[7] A. Salam and E. Sezgin, eds.: Supergravity in Diverse Dimensions, North-Holland, Amsterdam, 1989.

[8] E. Witten: String Theory Dynamics in Various Dimensions, Nucl. Phys., **B443**, 85, 1995.

索引

英数字

5 次元反ド・ジッター空間 AdS_5　58
AdS/CFT　46
ALE 空間　32
BPS 状態　6
Dp ブレーン　26
D ブレーン　1
GSO 射影　37
IR-UV 対応　59
K 群　44
M 理論　1
near horizon 極限　46
NS-NS セクター　11
R-NS セクター　11
RR セクター　11
R 対称性　62
$SL(2, \mathbb{Z})$ 不変性　17
string duality　1
S デュアリティ　3
T デュアリティ　4
T 変換　24

か 行

開弦　4
カラビ-ヤウ多様体　32
基本ストリング　14
クレバノフ-ストラスラー解　46
ゲージ/重力対応　1
ケーラーポテンシャル　50

さ 行

サイバーグの双対性　64
消滅サイクル　32
スーパーポテンシャル　50
ゼロ・モード　24
漸近的自由性　63

た 行

チャーン-サイモンズ項　43
超重力理論　9

は 行

プレポテンシャル　51

ま 行

モード展開　23

ら 行

臨界ブラックホール　13

■岩波オンデマンドブックス■

岩波講座 物理の世界
素粒子と時空5
素粒子の超弦理論

2005年4月26日　第1刷発行
2008年12月15日　第3刷発行
2018年8月10日　オンデマンド版発行

著　者　江口　徹　今村洋介
　　　　（えぐち　とおる）（いまむらようすけ）

発行者　岡本　厚

発行所　株式会社 岩波書店
　　　　〒101-8002　東京都千代田区一ツ橋2-5-5
　　　　電話案内　03-5210-4000
　　　　http://www.iwanami.co.jp/

印刷／製本・法令印刷

© Tohru Eguchi, Yosuke Imamura 2018
ISBN 978-4-00-730800-0　Printed in Japan